BAOMO JISHU YU
BAOMO CAILIAO

薄膜技术与薄膜材料

石玉龙　闫凤英　编著

化学工业出版社

·北京·

本书是作者根据多年从事材料表面薄膜制备技术的科研和教学经验编写而成，全书共分 4 章，分别阐述了材料表面防护装饰膜层的物理气相沉积技术（包括真空蒸发镀膜、溅射镀膜、离子镀镀膜），化学气相沉积技术（包括简单的 CVD 相关理论、设备装置、CVD 种类等），硬膜及超硬膜的制备技术（金刚石膜、类金刚石膜、立方氮化硼膜、CN_x 膜及氮化物、碳化物、氧化物薄膜及复合薄膜等），以及利用化学、电化学反应在材料表面制备膜层的技术（包括化学镀、化学氧化、钝化、磷化、电镀、阳极氧化、微弧氧化等内容）。

本书除了具有一定的理论参考价值外，也具有较为广泛的应用价值，既可作为薄膜材料研究专业科技人员的参考书，也可作为高等院校材料类及相关专业的本科生、研究生教学用书。

图书在版编目（CIP）数据

薄膜技术与薄膜材料/石玉龙，闫凤英编著. —北京：化学工业出版社，2015.3（2024.5重印）

ISBN 978-7-122-22618-1

Ⅰ.①薄… Ⅱ.①石…②闫… Ⅲ.①薄膜技术②薄膜-工程材料 Ⅳ.①TB43②TB383

中国版本图书馆 CIP 数据核字（2014）第 301662 号

责任编辑：杜进祥   文字编辑：孙凤英
责任校对：王 静   装帧设计：韩 飞

出版发行：化学工业出版社（北京市东城区青年湖南街 13 号 邮政编码 100011）
印 装：北京建宏印刷有限公司
850mm×1168mm 1/32 印张 8 字数 210 千字
2024 年 5 月北京第 1 版第 11 次印刷

购书咨询：010-64518888   售后服务：010-64518899
网 址：http://www.cip.com.cn
凡购买本书，如有缺损质量问题，本社销售中心负责调换。

定 价：30.00 元

前　言

在人类日常的生产、生活当中，要用到各种各样的材料，这些材料在环境的作用下，往往会发生各类物理、化学作用，引起材料腐蚀、磨损进而发生破坏或失效，因此人类应用各种薄膜制备技术，对材料在使用前进行表面强化或改性处理，从而在其表面获得一薄层防护膜层，以达到一定的耐腐蚀、耐磨损等作用，此外也可利用薄膜制备技术来加工制造零部件、元器件，或使材料获得一定的装饰效果。

利用各种薄膜制备技术对材料表面进行强化和改性由来已久，在古代人们就已经对钢进行淬火处理，来获得坚硬涂层。近现代以来，随着新材料的出现以及人们对材料使用性能的要求越来越高，材料表面的薄膜制备技术研究异常活跃，旧工艺不断更新，新技术、工艺相继问世。

薄膜制备技术种类繁多，涉及广泛。它的基体材料可以是金属材料、有机高聚物材料、无机非金属材料；所制备的薄膜可以由金属或合金组成，也可以由各种化合物组成；薄膜制备可以在真空或一定的气氛中进行，可以在等离子体中进行，也可以在液相中进行。

本书是编著者根据多年本科生、研究生的教学经验，结合自身多年以来的科研工作及科研成果编写而成，分别介绍了物理气相沉积技术、化学气相沉积技术、硬膜及超硬膜的制备、液相中的化学电化学制备技术。在编写过程中，编者参阅一些文献资料，特向原作者表示感谢！青岛科技大学教务处、青岛科技大学材料科学与工程学院相关领导对本书编写给予了大量的支持，青岛科技大学材料科学与工程学院的张乾副教授、王宝祥副教授及于庆先老师为本书编写给予了许多具体帮助，我们谨向他们表示真诚的感谢。

  由于学术水平有限，本书必然会存在诸多问题和不足，殷切希望读者批评指正。

编著者

2014 年 10 月

目　录

1　物理气相沉积　　　　　　　　　　　　　　　1

3 硬膜材料   92

4　薄膜在液相中的化学及电化学制备　　182

1　物理气相沉积

气相沉积技术是制备薄膜的常用技术之一，是将成膜物质气化输运到基体上沉积为固相薄膜。气相沉积的特点是成膜物质广泛，即固体、液体或气体都可作为成膜物质进行气相沉积反应。气相沉积一般可分为物理气相沉积（Physical Vapor Deposition，PVD）和化学气相沉积（Chemical Vapor Deposition，CVD）。

1.1　物理气相沉积

一般来说，物理气相沉积是把固态或液态成膜材料通过某种物理方式(高温蒸发、溅射、等离子体、离子束、激光束、电弧等)产生气相原子、分子、离子（气态、等离子态），再经过输运在基体表面沉积或与其他活性气体反应形成反应产物在基体上沉积为固相薄膜的过程。

物理气相沉积的特点如下：①需用固态或熔化态的物质作为沉积过程的源物质；②源物质需经过物理过程转变为气相；③工作环境需要较低的气压；④在气相中和衬底表面一般不发生化学反应，但反应沉积例外。

物理气相沉积与化学气相沉积相比，其优点为：①镀膜材料来源广泛，容易获得，镀膜材料可以是纯金属、合金、化合物等，无论材料导电或不导电，低熔点或高熔点，液相或固相，块状或粉末，都可以使用；②镀膜材料的气化方式可以是高温蒸发或低温溅射；③沉积粒子能量可以调节，反应活性高，通过引入等离子体或离子束，可以提高沉积离子能量，有利于提高膜层质量；④沉积温度低，沉积粒子具有高能量活性，不经过热力学的高温过程，便可进行低温反应和在低温基体上沉积薄膜，扩大了基体的适应范围；⑤可制备的薄膜类型多，如纯金属薄膜、合金薄膜和化合物薄膜；

⑥无污染，有利于环境保护。

物理气相沉积技术应用广泛，镀膜产品涉及如下许多应用领域，如装饰膜（Al、TiN、TiC 膜等）、耐磨硬膜（TiN、TiC、TiCN、TiAlCN、ZrN、CrN 膜系列或多层膜等）、减摩润滑膜（MoS_2、DLC 等）、光学膜（MgF_2、ZnS、SiO_2、TiO_2 等）、热反射膜（TiN、Cr、TiO_2 等）、耐热膜（M-CoCrAlY）、微电子学应用的导电膜、绝缘膜和钝化膜（Al、Al-Si、Ti、Pt、Au、Mo-Si、TiW、SiO_2、Si_3N_4、Al_2O_3 等薄膜）、磁性薄膜（Fe-Ni、Fe-Si-Al、Ni-Fe-Mo 等软磁膜，γ-Fe_2O_3、Co、Co-Cr、Mn-Bi 等硬磁膜）、透明导电膜（ITO、ZAO 等）、医学生物膜（DLC 或 Ti 膜等）。

随着现代科学技术的发展和新材料的发展应用，物理气相沉积技术会进一步发展，其应用也将会更加广泛。

1.2 真空蒸发镀膜

真空蒸发（Vacuum Evaporation）镀膜简称蒸发镀，是在真空条件下用蒸发器加热待蒸发物质，使其气化并向基板输运，在基板上冷凝形成固态薄膜的过程。

真空蒸发镀膜是发展较早的镀膜技术，其应用较广泛。真空蒸发镀膜与其他气相沉积技术相比有许多特点：设备比较简单、容易操作；制备的薄膜纯度高、成膜速率快；薄膜生长机理简单，易控制和模拟。真空蒸发镀膜技术的不足：不容易获得结晶结构的薄膜；沉积的薄膜与基板的附着性较差；工艺重复性不够好。真空蒸发镀膜技术虽然简单而又有些不足，但它是一种基本的镀膜技术，仍有广泛的应用。

1.2.1 真空蒸发的基本过程

（1）加热蒸发过程，包括固相或液相转变为气相的过程，每种物质在不同的温度有不同的饱和蒸气压。

（2）气化原子或分子在蒸发源与基片之间的输运过程，此过程中气化原子或分子与残余气体分子发生碰撞，其碰撞次数与蒸发原子或分子的平均自由程以及蒸发源到基板距离有关。

(3) 蒸发原子或分子在基片表面的沉积过程,即蒸气的凝聚成核,核生长形成连续膜,为气相转变为固相的过程。

上述过程必须在空气稀薄的真空环境中($1 \sim 10^{-2}$ Pa)进行,否则蒸发粒子将与空气分子碰撞,使膜污染甚至形成氧化物,或者蒸发源氧化烧毁等。

1.2.2 蒸发热力学

液相或固相的镀膜材料的原子或分子必须获得足够的能量,能克服原子或分子间相互吸引力时,才能形成蒸发或升华。加热温度越高,分子的平均动能越大,蒸发或升华的粒子数量就越多。蒸发过程会不断地消耗镀材的内能,要维持蒸发,就要不断地补给镀材热能。显然蒸发过程中镀材气化的量与镀材受热有密切关系。即在蒸发过程中,镀材的蒸发速率与镀材的蒸气压有关。

在平衡状态下,粒子会不断地从冷凝液相或固相表面蒸发或升华,同时也会有相同数量的粒子与冷凝液相或固相表面碰撞而返回到冷凝液相或固相中。在蒸发过程中的平衡蒸气压是指在一定温度下,真空室中蒸发材料的蒸气与固相或液相粒子处于平衡状态下所呈现的压力。平衡蒸气压与物质的种类、温度有关,即对于同一种物质,其平衡蒸气压是随温度而变化的。平衡蒸气压 P_v 可以按 Clapeylon-Clausius 方程进行热力学计算。饱和蒸气压 P_v 与温度 T 之间的关系如下:

$$\frac{\mathrm{d}P_v}{\mathrm{d}T} = \frac{\Delta H_v}{T(V_g - V_s)} \tag{1-1}$$

式中,ΔH_v 为摩尔气化热或蒸发热,J/mol;V_g,V_s 分别为气相、液相或者固相的摩尔体积,m^3;T 为热力学温度,K。

因为 $V_g \gg V_s$,所以 $V_g - V_s \approx V_g$。

$$V_g = RT/P_v \tag{1-2}$$

式中,R 为理想气体常数,等于 8.314J/(mol·K),则

$$\frac{\mathrm{d}P_v}{P_v} = \frac{\Delta H_v \mathrm{d}T}{RT^2} \tag{1-3}$$

由于在 $T = 10\sim10^3\,\text{K}$ 的范围内，蒸发热是温度的缓变函数，可以近似认为 H_v 为常数，对上式积分得

$$\ln P_\text{v} = -\frac{\Delta H_\text{v}}{RT} + \frac{\Delta S_\text{e}}{R} \tag{1-4}$$

式中，ΔS_e 为摩尔蒸发熵。在热平衡条件下，

$$\Delta G_\text{e} = \Delta H_\text{v} - T\Delta S_\text{e} \tag{1-5}$$

式中，ΔG_e 为摩尔自由能。式(1-4)比较精确地表示了在蒸气压小于 $10^2\,\text{Pa}$ 的压力范围，蒸气压与温度的关系。

1.2.3 蒸发速率

在蒸发物质（固相或液相）与其气相共存体系中，由气体分子运动论可知，处于热平衡状态压强为 P 的气体，单位时间内碰撞单位蒸发面积的分子数为

$$\phi = \frac{1}{4}nv_\text{a} = \frac{P}{\sqrt{2\pi mkT}} \tag{1-6}$$

式中，n 为分子密度；v_a 为平均速度，其值为 $\sqrt{\dfrac{8kT}{\pi m}}$；$m$ 为分子质量；k 为波尔兹曼常数。若考虑并非所有蒸发分子全部发生凝结，则

$$\phi_\text{e} = \alpha P_\text{v}/\sqrt{2\pi mkT} \tag{1-7}$$

式中，α 为凝结系数，$\alpha \leqslant 1$；P_v 为饱和蒸气压。

设蒸发材料表面液相、气相处于动态平衡，则蒸发速率为

$$\phi_\text{e} = \frac{\text{d}N}{A\text{d}t} = \frac{\alpha_\text{e}(P_\text{v} - P_\text{h})}{\sqrt{2\pi kmT}} \tag{1-8}$$

式中，$\text{d}N$ 为蒸发原子（分子）数；α_e 为蒸发系数；A 为蒸发表面积；t 为时间，s；P_v 和 P_h 分别为饱和蒸气压与液体静压，Pa。

当 $\alpha = 1$ 和 $P_\text{h} = 0$ 时，得最大蒸发速率

$$\phi_m = \frac{dN}{A\,dt} = \frac{P_v}{\sqrt{2\pi mkT}}$$

$$= 2.64 \times 10^{24} P_v \left(\frac{1}{\sqrt{TM}} \right) [\text{个}/(\text{cm}^2 \cdot \text{s} \cdot \text{Pa})] \qquad (1-9)$$

式中，M 为蒸发物质摩尔质量。若将式(1-9) 中乘以原子或分子质量，则得到单位面积的质量蒸发速率。

$$G = m\phi_m = \sqrt{\frac{m}{2\pi kT}} P_v$$

$$= 4.37 \times 10^{-3} \sqrt{\frac{M}{T}} P_v [\text{kg}/(\text{m}^2 \cdot \text{s} \cdot \text{Pa})] \qquad (1-10)$$

式(1-10)是描述蒸发速率的重要表达式，它确定了蒸发速率、蒸气压和温度之间的关系。

蒸发速率与蒸发物质的相对分子质量、热力学温度和蒸发物质在温度 T 时的饱和蒸气压有关。在蒸发温度以上进行蒸发时，蒸发源温度微小变化，即可引起蒸发速率发生很大变化。

1.2.4　蒸发分子的平均自由程与碰撞概率

1.2.4.1　蒸发分子平均自由程

在真空室内除了蒸发物质的原子和分子外，还有其他残余气体，如 H_2O，O_2，CO，CO_2，N_2 等的分子，这些残余气体对膜形成过程及膜的性质都会产生一定影响。由气体分子运动论可求出在热平衡条件下，单位时间内通过单位面积的气体分子数 N_g 为

$$N_g = \frac{dN}{A\,dt} = \frac{P_v}{\sqrt{2\pi mkT}} = 3.51 \times 10^{22} \frac{P}{\sqrt{TM}} [\text{个}/(\text{cm}^2 \cdot \text{s})] \qquad (1-11)$$

式中，P 为气体压强，Torr❶；M 为气体摩尔质量；T 为气体温度，K；N_g 即气体对基板碰撞率。

表 1-1 为几种气体分子的 N_g。由表 1-1 可以看出，每秒可以有大约 10^{15} 个气体分子到达单位基板表面，而一般薄膜沉积速率

---

❶　1Torr＝133.322Pa，下同。

为零点几纳米/秒（大约一个原子层厚）。在残余气体压强为 10^{-5} Torr 时，残余气体分子与蒸发物质原子几乎按 1:1 的比例到达基板表面。因此，要提高膜的纯度，就必须使残余气体的压强降得很低，即本底真空度要高。

表 1-1 气体分子碰撞次数

物质	相对分子质量	$N_g/[\text{个}/(\text{cm}^2 \cdot \text{s})]$	
		10^{-5} Torr	10^{-2} Torr
H_2	2	1.4×10^{15}	1.4×10^{18}
Ar	40	3.2×10^{15}	3.2×10^{18}
O_2	32	3.6×10^{15}	3.6×10^{18}
N_2	28	3.8×10^{15}	3.8×10^{18}

蒸发材料的粒子在真空室中输运会与残余气体的分子碰撞，也会与真空室器壁碰撞，会改变原来的运动方向和降低运动速率。蒸发材料的分子在两次碰撞之间所飞行的距离为蒸发分子的平均自由程，可表示为

$$\lambda = \frac{1}{\sqrt{2}\, n\pi d^2} = \frac{kT}{\sqrt{2}\, P\pi d^2} = \frac{2.331 \times 10^{-20} T}{P(\text{Torr}) d^2} = \frac{3.107 \times 10^{-18}}{P(\text{Pa}) d^2} \quad (1\text{-}12)$$

式中，n 为残余气体密度；d 是碰撞截面半径，零点几纳米；P 为残余气体压强；T 为残余气体温度。在 25℃ 的空气中，若 $P = 10^{-2} \text{Pa}$，$n = 3 \times 10^{12}/\text{cm}^3$，可计算出 $\lambda \approx 50\text{cm}$。或根据 $\lambda = 0.667/P$，也可计算出 $\lambda \approx 60\text{cm}$。此时，$\lambda$ 的长度与普通真空室的尺寸相当，可以认为此时蒸发分子几乎不发生碰撞而直接到达基板。

1.2.4.2 碰撞概率

平均自由程，蒸发分子与残余气体分子的碰撞具有统计规律。设 N_0 个蒸发分子飞行距离 x 后，未受残余气体分子碰撞的数目为 $N_x = N_0 \text{e}^{-x/\lambda}$，被碰撞的分子数为 $N = N_0 - N_x$，则被碰撞的分子百分数为

$$f = \frac{N}{N_0} = 1 - \frac{N_x}{N_0} = 1 - e^{-x/\lambda} \qquad (1\text{-}13)$$

图 1-1 是根据式(1-13) 计算而得到的蒸发粒子在源-基之间飞行时, 蒸发粒子的碰撞概率 f 与实际行程对平均自由程之比 (l/λ) 的曲线。当平均自由程 λ 等于源-基距 l 时, 大约有 63% 的蒸发粒子受到碰撞; 如果平均自由程 λ 增加 10 倍, 则碰撞概率 f 将减小至 9% 左右。由此可见, 只有当 $\lambda \gg l$ 时, 才能有效减少蒸发粒子在行进过程中的碰撞现象。

若真空度足够高, 平均自由程足够大, 且满足 $\lambda \gg l$, 则有 $f \approx l/\lambda$, 可得

$$f = 1.50 lP \qquad (1\text{-}14)$$

为了保证镀膜质量, 要求在 $f \leqslant 0.1$ 时, 源-基距 $l = 25\text{cm}$ 的条件下, 必须 $P \leqslant 3 \times 10^{-3}\text{Pa}$。

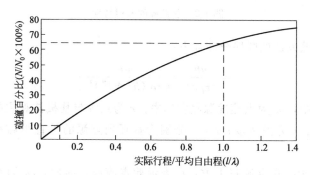

图 1-1 蒸发粒子的碰撞概率与实际行程对平均自由程之比的关系曲线

1.2.5 蒸发源的蒸发特性及膜厚分布

在蒸发镀膜中, 能否在基板上获得均匀的膜层与蒸发源的特性、基板与蒸发源的几何形状和物质的蒸发量有关。在计算蒸发镀膜的膜厚度时, 一般作如下几点假设: ①蒸发粒子 (原子或分子) 与残余气体的原子和分子不发生碰撞; ②蒸发源附近蒸发粒子之间也不发生碰撞; ③沉积到基板上的粒子不再蒸发。以上假设对于 $P \leqslant 10^{-3}\text{Pa}$ 时是非常接近的。

1.2.5.1 点蒸发源

我们把向各方向蒸发等量材料的微小球状蒸发源，称点蒸发源（简称点源）。

一般说来，把相对衬底距离较远，尺寸较小的蒸发源均可以看作点蒸发源，如图1-2(a) 所示。

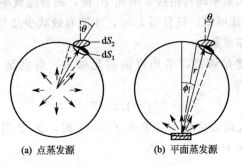

(a) 点蒸发源　　　　(b) 平面蒸发源

图1-2　蒸发源的发射特性

点蒸发源的膜厚分布如下：

$$t = \frac{mh}{4\pi\rho r^3} = \frac{mh}{4\pi\rho\,(h^2+l^2)^{3/2}} \tag{1-15}$$

式中，m 为点蒸发源蒸发速率；r 为点源与基板被观测膜厚点的距离；ρ 为膜密度；h，l 分别为基板到点源的垂直距离和水平距离。

当 dS_2 在点源正上方，t_0 表示此点膜厚，显然，t_0 为基板上最大膜厚。基板上其他各处的膜厚分布为：

$$\frac{t}{t_0} = \frac{1}{\left[1+\left(\dfrac{l}{h}\right)^2\right]^{3/2}} \tag{1-16}$$

1.2.5.2 小平面蒸发源

图1-2(b) 是小平面蒸发源的示意图。小平面蒸发源的特点是具有方向性，在 θ 方向蒸发的材料质量和 $\cos\theta$ 成正比。则基板上任一点薄膜厚度为：

$$t = \frac{m}{\pi\rho} \times \frac{\cos\theta\cos\varphi}{r^2} = \frac{mh^2}{\pi\rho\,(h^2+l^2)^2} \tag{1-17}$$

用 t_0 表示小平面源正上方膜厚，则 t_0 是基板上最大膜厚，基板上其他各处的膜厚分布为：

$$\frac{t}{t_0} = \frac{1}{\left[1+\left(\dfrac{l}{h}\right)^2\right]^2} \tag{1-18}$$

图 1-3 比较了点蒸发源与小平面蒸发源的膜厚。可以看出，两种源在基片上沉积膜的厚度虽然很近似，但是还是存在一定差别。这一点也可以由式(1-19)看出。

$$\frac{t_{0\text{面}}}{t_{0\text{点}}} = \frac{\dfrac{m}{\pi\rho h^2}}{\dfrac{m}{4\pi\rho h^2}} = 4 \tag{1-19}$$

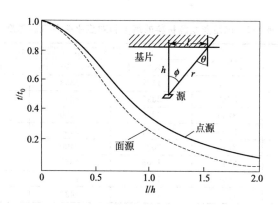

图 1-3　沉积膜层在平面上的分布

即平面蒸发源的最大厚度为点蒸发源的 4 倍。

除了点蒸发源和小平面蒸发源外，还有其他蒸发源，如细长平面蒸发源、环状蒸发源等，因情形比较复杂，在此不加讨论。

1.2.6　蒸发源的类型

蒸发源是蒸发装置的重要部件，它是用来加热镀膜源物质的。

大多数金属材料在 $1000\sim2000$℃高温下蒸发。目前，最常用的蒸发源加热方式有电阻加热、电子束加热、高频感应加热、电弧加热和激光加热等。

1.2.6.1 电阻加热蒸发源

电阻加热是一种常采用的蒸发源加热方式。它是将金属 Ta，Mo，W 等做成适当形状蒸发源，装上待蒸发材料让电流通过加热使镀材直接蒸发，或把待蒸发镀材放入 Al_2O_3，BeO，BN 坩埚内进行间接加热蒸发。电阻加热蒸发源的特点是结构简单，价格便宜，容易操作。

对于电阻加热蒸发源材料应具备熔点高、饱和蒸气压低、化学稳定性好、具有良好的耐热性、原料丰富、经济耐用等特点。表 1-2 列出了各种常用蒸发源材料的熔点和达到规定平衡蒸气压时的温度。

表 1-2　电阻蒸发源材料的熔点和对应平衡蒸气压温度

材料	熔点/K	对应平衡蒸气压温度/K		
		1.33×10^{-6}Pa	1.33×10^{-3}Pa	1.33Pa
C	3427	1527	1853	2407
W	3683	2390	2840	3500
Ta	3269	2230	2680	3300
Mo	2890	1865	2230	2800
Nb	2714	2035	2400	2930
Pt	2045	1565	1885	2180
Fe	1808	1165	1400	1750
Ni	1726	1200	1430	1800

电阻蒸发源类型（图 1-4）有丝状蒸发源［图(a)、图(b)、图(c)］，其中，图(a)、图(b)适合蒸发小量的具有良好浸润性的材料，如铝材。图(c)为螺旋锥形状，适合蒸发粗颗粒、块状材料或不易与蒸发源浸润的材料，如银、铜、铬等。图(d)、图(e)的盘状和舟状蒸发源是用片状材料加工而成，可蒸发颗粒状或粉末状材料。

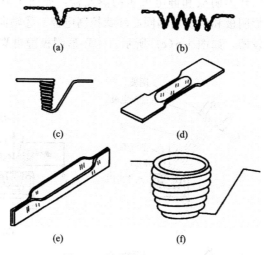

图 1-4　各种形状电阻蒸发器

1.2.6.2　电子束加热蒸发源

由于对膜的种类和质量提出了更高、更严格的要求，电阻蒸发源已不能满足蒸镀某些难熔金属和氧化物的要求和制备高纯度薄膜的要求。于是发展了用电子束作为加热蒸发源。

电子束蒸发源的特点为：①能量密度高，可达 $10^4 \sim 10^9\,W/cm^2$ 功率密度，可使熔点高达 $3000\,℃$ 以上的材料如 W，Mo，Ge，SiO_2，Al_2O_3 等实现蒸发；②制膜纯度高，因采用水冷坩埚，可避免加热容器蒸发影响膜的纯度；③热效率高，因热量可直接加热到镀材表面，减少了热传导和热辐射。

电子束蒸发源的缺点是：①电子枪发出的一次电子和蒸发材料发出的二次电子会使蒸发原子和残余气体分子电离，有时会影响膜质量；②结构较复杂，设备昂贵。

电子束蒸发源的结构形式如下：①直线阴极和静电聚焦的蒸发器，如图 1-5(a) 所示。电子从灯丝阴极发射，聚焦成一定直径的束流，经加在阴极和坩埚之间的电位加速，射到镀材上，使镀材熔化蒸发。这种直枪易受蒸发物污染，枪体的遮挡又会缩小镀膜室的有效空间。②环形阴极和静电聚焦的蒸发器，如图 1-5（b）所示。该枪配有环形阴极和围绕坩埚同心环状控制电极。③轴向枪和静电远聚焦的蒸发器，如图 1-5（c）所示。④环形阴极静电聚焦和静电

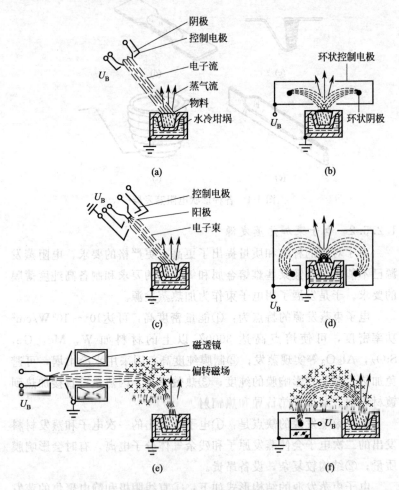

图 1-5　电子束蒸发器原理

（a）直线阴极和静电聚焦蒸发器；（b）环状阴极和静电聚焦蒸发器；
（c）轴向枪和静电远聚焦蒸发器；（d）环行阴极、静电聚焦和静电偏转蒸发器；
（e）轴向枪、磁聚焦和磁偏转 90°蒸发器；（f）横向枪和磁偏转 180°的蒸发器

偏转的蒸发器，如图 1-5(d) 所示。环形枪有不理想之处，阴极蒸发出来的气氛会污染膜层，并且环行蒸发器附近的蒸气压受限制，若过高的气压进入高压电区，会使阴极和坩埚之间击穿放电烧毁。⑤轴向枪、磁聚焦和磁偏转 90°的蒸发器，如图 1-5(e) 所示。采用水平安装电子枪，电子束经静电偏转之后轰击镀材，可克服蒸气污染和占用有效空间的缺点。⑥横向枪和磁偏转 180°的蒸发器，如图 1-5(f) 所示。属于 e 型枪一类，电子束产生和蒸气产生区域隔离。

1.2.6.3　高频感应加热蒸发源

高频感应加热蒸发源是将装有蒸发材料的坩埚放在高频螺旋线圈中央，使材料在高频电磁场感应下产生巨大涡流损失和磁滞损失，致使材料升温蒸发。高频感应加热蒸发源一般是由水冷高频线圈和石墨或陶瓷坩埚组成，如图 1-6 所示。

高频感应蒸发具有蒸发速率大（比电阻蒸发源大 10 倍左右），温度均匀稳定，不易产生飞溅，可一次装料，操作比较简单的优点。为避免材料对膜的影响，坩埚应选用与蒸发材料反应最小的材料。高频感应蒸发的缺点是：蒸发装置必须屏蔽和不

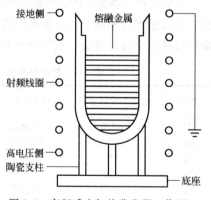

图 1-6　高频感应加热蒸发器工作原理

易对输入功率进行微量调整。另外，高频感应蒸发设备的价格昂贵。

1.2.6.4　电弧加热蒸发源

电弧加热蒸发源是在高真空下通过两电极之间产生弧光放电产生高温使电极材料蒸发。它有交流电弧、直流电弧和电子轰击电弧三种蒸发源。

　　电弧加热蒸发方式可避免电阻加热中的电阻丝、坩埚与蒸发物质发生反应和污染。它可以用来蒸发高熔点的难熔金属。但是，电弧加热蒸发的缺点是：电弧放电会飞溅出电极材料的微粒影响膜的质量。

1.2.6.5　激光加热蒸发源

　　激光加热蒸发源是利用高功率连续或脉冲激光作为热源加热镀材，使之吸热蒸发气化，沉积薄膜。激光加热蒸发源具有加热温度高，可避免坩埚污染，材料蒸发速率高和蒸发过程易控制等特点。激光加热蒸发特别适合于蒸发那些成分较复杂的合金或化合物材料，如：高温超导 $YBa_2Cu_3O_7$ 等。激光加热蒸发源的缺点是易产生微小物质颗粒飞溅，影响薄膜均匀性，不易大面积沉积和成本较高。

　　人们已将一些常见的蒸发物质的制备参数归纳总结（见表1-3）。其中包括适当的加热方式、加热温度和适用的坩埚材料等。表中的物质包括：金属、合金、氧化物和某些化合物材料。

表1-3　常见物质的蒸发工艺特性

物质	最低蒸发温度/℃	蒸发源状态	坩埚材料	电子束蒸发时的沉积速率/(nm/s)
Al	1010	熔融态	BN	2
Al_2O_3	1325	半熔融态		1
Sb	425	熔融态	$BN，Al_2O_3$	5
As	210	升华	Al_2O_3	10
Be	1000	熔融态	石墨，BeO	10
BeO	—	熔融态		4
B	1800	熔融态	石墨，WC	1
B_4C	—	半熔融态	—	3.5
Cd	180	熔融态	Al_2O_3，石英	3
CdS	250	升华	石墨	1
CaF_2	—	半熔融态		3
C	2140	升华	—	3
Cr	1157	升华	W	1.5
Co	1200	熔融态	Al_2O_3，B_2O_3	2
Cu	1017	熔融态	石墨，Al_2O_3	5

物质	最低蒸发温度/℃	蒸发源状态	坩埚材料	电子束蒸发时的沉积速率/(nm/s)
Ga	907	熔融态	石墨,Al_2O_3	—
Ge	1167	熔融态	石墨	2.5
Au	1132	熔融态	BN,Al_2O_3	3
In	742	熔融态	Al_2O_3	10
Fe	1180	熔融态	Al_2O_3,B_2O_3	5
Pb	497	熔融态	Al_2O_3	3
LiF	1180	熔融态	Mo,W	1
Mg	327	升华	石墨	10
MgF_2	1540	半熔融态	Al_2O_3	3
Mo	2117	熔融态	—	4
Ni	1262	熔融态	Al_2O_3,B_2O_3	2.5
玻莫合金	1300	熔融态	Al_2O_3	3
Pt	1747	熔融态	石墨	2
Si	1337	熔融态	B_2O_3	1.5
SiO_2	850	半熔融态	Ta	2

1.2.7 合金及化合物蒸发

1.2.7.1 合金的蒸发

在蒸发镀膜中，因为各种金属元素的饱和蒸气压不同，蒸发速率不同，会产生合金在蒸发过程中发生成分偏差，即合金薄膜中各元素的比与合金镀材中各元素的比产生偏差。

在处理合金蒸发的问题，一般采用拉乌尔定律来作为合金蒸发的近似处理。所以合金中 A，B 蒸发速率可写为：

$$\frac{G_A}{G_B}=\frac{P_A}{P_B}\times\frac{W_A}{W_B}\sqrt{\frac{M_B}{M_A}} \tag{1-20}$$

式中，P_A，P_B 分别为纯组元 A 和 B 在温度 T 时的饱和蒸气压；W_A，W_B 分别为合金中 A 和 B 成分在合金中的浓度；M_A，M_B 分别为合金中成分 A 和 B 的摩尔质量。

因为拉乌尔定律对合金往往不完全适用，故引入活度系数 S。

$$G_A=0.058S_AX_AP_A\sqrt{M_A/T} \quad (\text{g}\cdot\text{cm}^2\cdot\text{s}) \tag{1-21}$$

式中，X_A 为合金中 A 组分分数；活度系数 S_A 一般未知，由实验可测得。通常还是采用式(1-20)来计算合金蒸发的分馏量。

例如，处于 1527℃ 下的镍铬合金（Ni：80%，Cr：20%）$P_{Cr}=$ 10Pa，$P_{Ni}=1$Pa，则它们的蒸发速率之比

$$\frac{G_{Cr}}{G_{Ni}} = \frac{W_{Cr}}{W_{Ni}} \times \frac{P_{Cr}}{P_{Ni}} \sqrt{\frac{M_{Ni}}{M_{Cr}}} = \frac{20}{80} \times \frac{10}{1} \times \sqrt{\frac{58.7}{52.0}} \approx 2.66 \quad (1\text{-}22)$$

式中，两元素的共分子数为 $M_{Ni}=58.7$，$M_{Cr}=52.0$。

此例说明，在 1527℃ 下开始蒸发 Cr 的初始速率为 Ni 的 2.66 倍，随着 Cr 的迅速蒸发，G_{Cr}/G_{Ni} 会逐渐减少，最终会小于 1。这种分馏现象会导致在膜靠近基板处 Cr 多 Ni 少。

1.2.7.2　合金薄膜的制备方法

（1）瞬时蒸发法　瞬时蒸发法（闪烁法）是将细小的合金颗粒逐次送到非常炽热的蒸发器或坩埚中，使一个小颗粒实现瞬间完全蒸发。它的优点是能获得成分均匀的薄膜，可以进行掺杂蒸发。缺点是蒸发速率难于控制，蒸发速率不能太快。

（2）双源或多源蒸发法　双源或多源蒸发法是将要形成合金薄膜的每一成分分别装入各自的蒸发源中，然后独立地控制各蒸发源的蒸发速率，即可获得所需的合金薄膜。

1.2.7.3　化合物蒸发法

除了某些化合物，如氯化物、硫化物、硒化物和碲化物可用一般蒸发镀膜技术即可获得符合化学计量的薄膜外，许多化合物在热蒸发时都会全部或部分分解，如 Al_2O_3 和 TiO_2 等会发生失氧现象，若用一般的蒸发镀技术很难获得们组分符合化学计量的薄膜。

为了获得符合化学计量的化合物薄膜，可采用反应蒸发技术，即在蒸发单质元素时，在反应器内通入活性气体，与蒸发的金属原子在基板沉积过程中发生化学反应，生成符合化学计量的化合物薄膜。如通过下列反应方式可获得 Al_2O_3 和 SnO_2 薄膜。

$$4Al(激活蒸气) + 3O_2(活性气体) \longrightarrow 2Al_2O_3(固相沉积)$$

$$Sn(激活蒸气) + O_2(活性气体) \longrightarrow SnO_2(固相沉积)$$

还可以利用反应蒸发法制备 TiO_2、SiO_2 等氧化物、TiN、Si_3N_4 等

氮化物，TiC、SiC 等碳化物。

反应蒸发中化学反应可发生的地方有蒸发源表面，蒸发源到基板的空间和基板表面。应尽量避免反应发生在蒸发源表面，因为会导致蒸发速率降低。

1.3 溅射镀膜

溅射是指荷能粒子（电子，离子，中性粒子）轰击固体表面，使固体原子（或分子）从表面射出的现象。溅射镀膜是利用辉光放电产生的正离子在电场的作用下高速轰击阴极靶材表面，溅射出原子或分子，在基体表面沉积薄膜的一种镀膜方式。

在一百多年前 Grove 发现，气体辉光放电产生的等离子体对阴极有溅射现象。后来，人们利用溅射现象发展了直流二极溅射技术并用于薄膜制备。随后，人们又研究开发了溅射速率较高的三极溅射和射频溅射等技术和设备。

溅射镀膜技术制备膜范围较宽，可用来制备金属膜、导体膜、氧化物膜等。溅射镀膜法较其他镀膜有很多优点：任何物质均可以溅射，尤其是高熔点、低蒸气压元素化合物；由于基板可经过 plasma 清洗，并且溅射原子能量高（比蒸发原子能量高 1～2 个数量级），在基板和膜之间有混熔扩散作用，所以溅射镀沉积的薄膜与基板之间附着性好，镀膜密度高，针孔少；因为通过控制放电电流和靶电流，可控制膜厚，所以溅射镀膜过程容易控制，重复性好。但溅射镀膜也有不足之处，如设备较复杂，需高压装置，价格昂贵。

1.3.1 辉光放电

一般说来，溅射是在辉光放电（Glow Discharge）中产生的，所以辉光放电是溅射的基础。所谓辉光放电是在真空条件下，当两个电极间施加一定电压时产生的气体放电现象。辉光放电方式不同，溅射种类也不同，如利用直流产生辉光放电的有直流二极溅射、三极溅射，利用射频产生辉光放电的有射频溅射，还有对靶溅射、磁控溅射等。

1.3.1.1 直流辉光放电的过程与特性

气体的放电形式和特点与放电条件有关。在低压（$10^{-1} \sim 10^2$ Pa）容器中，两个电极之间施加一定的直流电压，使稀薄气体击穿，便产生气体辉光放电。此时，两极间的电压和电流的关系是不遵循欧姆定律的非线性关系。图 1-7 为直流辉光放电过程中电压随电流变化曲线。辉光放电一般可以分为如下几个过程区域：（a）无光放电；（b）汤森放电；（c）电晕放电；（d）正常辉光放电；（e）异常辉光放电；（f）弧光放电。

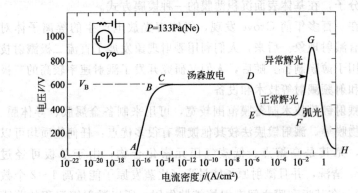

图 1-7 直流辉光放电伏安特性曲线

在异常辉光放电区域，电流增大时，两电极电压升高，阴极压降大小与电流密度和气压有关。异常辉光放电区电流密度一般为 $10^{-1} \sim 10^0$ A/cm^2。溅射一般选用非正常辉光放电区工作。便出现下面的弧光放电。

异常辉光放电时，当电流密度达到约 0.1A/cm^2 时，常有转变成低压弧光放电的危险。此时，极间电压陡降，电流猛增，放电机制由辉光放电过渡到弧光放电。弧光放电是一种稳定的放电形式，也称热阴极自持放电，电压降到几十伏，放电电流为 $0.1 \sim 10^3$ A。弧光放电时会形成电弧等离子体，电极间会发出很强的光和热。但是，在一般直流等离子体电源中，为了避免由弧光放电产生的危害，一般都装有灭弧装置。

1.3.1.2 帕邢定律

对于平行板电极系统，起辉电压 V_B 与阴极材料、气体种类、气压和极间距的关系有帕邢定律（Pashen）：

$$V_B = \frac{Bpd}{\ln\dfrac{Apd}{\ln\left(1+\dfrac{1}{\gamma}\right)}} \qquad (1\text{-}23)$$

式中，p 为气压，mmHg❶；d 为极间距，cm；A，B 均为气体种类决定的常数，其单位分别为 1/(cm·mmHg) 和 V/(cm·mmHg)；γ 为平均一个正离子轰击阴极所发射的电子数。式(1-23) 给出了气体击穿电压与放电气压和极间距乘积 pd 的关系。由 $V_B = f(pd)$ 得曲线，即帕邢曲线，如图 1-8 所示。

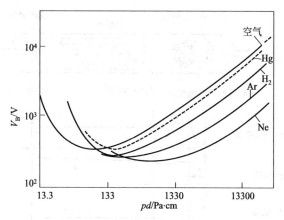

图 1-8　几种气体与铁阴极（除汞为阴极外）的帕邢曲线

在气体成分与电极材料一定的条件下，起辉电压 V_B 与气体压强 p 和电极间距 d 的乘积有关。由帕邢定律可知，若气体压强太低或极间距离太小，二次电子在到达阴极前，不能使足够的气体分

---

❶　1mmHg=133.322Pa，下同。

子碰撞电离，形成一定数量的离子和二次电子，辉光就会熄灭。另外，若气压太高或极距太大，二次电子因多次碰撞而得不到加速，也不能产生辉光。在大多数情况下，辉光放电溅射过程要求气体压强低，压强与极间距乘积一般都在极小值右边，故需要相当高的起辉电压。在极间距小的电极结构中，需要瞬时增加气体压强才能启动放电。

1.3.1.3 直流辉光放电的现象与其特性

直流辉光放电的一般条件是，在放电管两端装有一对金属电极，管内气压为 1.33~13.3kPa，当两端电压达到击穿电压时，即可产生直流辉光放电。图 1-9 是直流辉光放电的空间区域分布：其中，图(a) 为放电区域分布，图(b)～图(f) 为放电的辉度分布、电压分布、电场分布、空间电荷分布和电流密度分布。

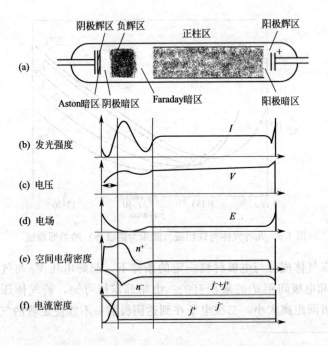

图 1-9 Ne 气直流辉光放电状况及放电参数及光强分布

1.3.1.4 高频辉光放电的特性

高频放电一般是指放电频率在 10^6 Hz 以上的气体放电形式。高频放电包括微波放电和射频放电。在溅射技术中一般用射频辉光放电形式。射频辉光放电是指在一定气压下，当两极之间施加的交流电压频率增加到射频频率时，即可产生稳定的辉光放电。射频放电的频率可在 $5 \sim 30$MHz，但是国际上常用的射频放电频率为 13.56MHz。射频放电的现象、条件和特征与直流放电有明显的不同。它与直流辉光放电相比有许多优点，如：①辉光放电中产生的电子获得足够能量足以产生碰撞电离，因而减少对二次电子的依赖，并降低击穿电压。②射频电压能通过阻抗耦合（电感式或电容式耦合），可以溅射沉积任何材料，包括介质材料。③放电气压低（$10^{-1} \sim 10^{-2}$ Pa）。④形成更强的空间电荷，对放电起增强作用。

如果在射频溅射装置中，将溅射靶与基片完全对称配置，则正离子会以均等的概率轰击溅射靶和基片，就不能溅射成膜，实际上，只要求靶得到溅射，靶电极必须绝缘，并通过电容耦合到射频电源上。另一电极（真空室壁）为直接耦合电极（接地电极），而且靶面积须比直接电极小。如图 1-10 所示，则两个电压之间有如下近似关系式

$$V_c / V_d = (A_d / A_c)^4 \tag{1-24}$$

式中，V_c 为辉光放电空间与靶之间电压；V_d 为辉光放电空间

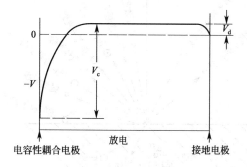

图 1-10 RF 辉光放电中从小的电容耦合电极靶
到大的直接耦合电极的电压分布

与直接耦合电极间电压；A_c，A_d 分别为电容性耦合电极（溅射靶）与直接耦合电极（接地电极）的面积。因为 $A_d \gg A_c$，所以 $V_c \gg V_d$，目的是在靶上获得较高的溅射电压。

1.3.2　溅射原理

1.3.2.1　溅射现象

入射的荷能离子轰击靶材表面产生相互作用，会发生一系列物理化学现象，如图 1-11 所示。它包括以下三类现象：①靶材表面产生原子或分子溅射，二次电子发射，正、负离子发射，溅射原子返回，杂质（气体）原子解吸附或分解，光子辐射等。②产生表面物理化现象，如加热、清洗、刻蚀、化学分解或反应。③材料表面层发生结构损伤（点缺陷、线缺陷）、碰撞级联、离子注入、扩散共混、非晶化和化合相等现象。

其实，物体置于等离子体中，其表面具有一定的负电位时，就会发生溅射现象，只需要调整其相对等离子体的电位，就可以获得不同程度的溅射效应，从而实现溅射镀膜、溅射清洗或溅射刻蚀及辅助沉积过程。

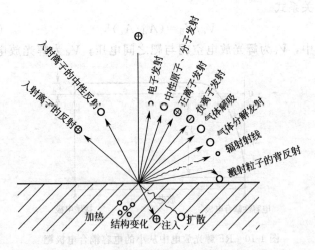

图 1-11　入射离子与靶材表面的相互作用

1.3.2.2 溅射机理

溅射是一个复杂的物理过程，涉及因素较多。有关溅射机理主要有热蒸发理论和动量转移理论。

（1）热蒸发理论 早期认为溅射现象是电离气体的荷能正离子在电场作用下加速轰击靶材料表面，将能量传递给碰撞处的原子，导致小区域内瞬间高温使靶材熔化蒸发。

热蒸发理论在一定程度上解释了某些溅射现象：如溅射靶材热蒸发和轰击离子的能量关系，溅射原子的余弦分布规律等，但不能解释溅射率与离子入射角关系及溅射率与入射离子质量关系等。

（2）动量转移理论 对溅射特性的深入研究表明，溅射是以动量传递的方式将材料激发为气态。溅射的本质特点为：由辉光放电提供的高能或中性原子撞击靶体表面，把动能传递给靶表面

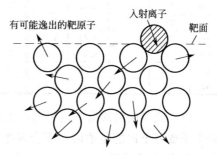

图1-12 入射离子引起靶材表面原子
的级联碰撞示意

的原子，该表面的原子获得的动能再向靶内部原子传递，经过一系列的碰撞过程即级联碰撞（见图1-12），使某些原子获得足够的能量，克服表面势垒（结合能），逸出靶面而成为溅射原子。在溅射过程中，大约只有1%的入射离子的能量转移到逸出的溅射原子中，大部分能量则通过级联碰撞而消耗在靶的表层中，并转化为晶格的热振动。动量转移理论很好地解释了热蒸发理论不能说明的溅射率与离子入射角度的关系，溅射原子角分布规律等。

1.3.2.3 溅射率

溅射率是指平均每个入射正离子能从阴极靶上打出的原子个数，又称溅射产额或溅射系数，一般用 S（原子/离子）表示。表1-4列出了常用靶材的溅射率。一般为 $10^{-1} \sim 10$ 原子/离子范

围。实验表明，溅射率 S 的大小与轰击粒子的类型、能量、入射
角有关，也与靶材原子的种类、结构有关，与溅射时靶材表面发生
的分解、扩散、化合等状况有关，与溅射气体的压强有关，但在很
宽的温度范围内与靶材的温度无关。

表 1-4　常用靶材溅射率

靶材	阈值 /eV	Ar$^+$能量/eV			靶材	阈值 /eV	Ar$^+$能量/eV		
		100	300	600			100	300	600
Ag	15	0.63	2.20	3.40	Ni	21	0.28	0.95	1.52
Al	13	0.11	0.65	1.24	Si	—	0.07	0.31	0.53
Au	20	0.32	1.65	—	Ta	26	0.10	0.41	0.62
Co	25	0.15	0.81	1.36	Ti	20	0.081	0.33	0.58
Cr	22	0.30	0.87	1.30	V	23	0.11	0.41	0.70
Cu	17	0.48	1.59	2.30	W	33	0.068	0.40	0.62
Fe	20	0.20	0.76	1.26	Zr	22	0.12	0.41	0.75
Mo	24	0.13	0.58	0.93					

（1）溅射能量阈值　使靶材产生溅射的入射离子的最小能量，
即小于或等于此能量值时，不会发生溅射，如，当 Ar 离子对 Mo
靶进行轰击溅射时，可以发现，在 $10\sim30\mathrm{eV}$ 范围内存在能量阈
值。表 1-5 列出了大多数金属的溅射阈值，不同靶材的溅射能量阈

表 1-5　溅射阈值能量　　　　　　　　单位：eV

元素	Ne	Ar	Kr	Xe	Hg	热升华	元素	Ne	Ar	Kr	Xe	Hg	热升华
Be	12	15	15	15	—	—	Mo	24	24	28	27	32	6.15
Al	13	13	15	18	18	—	Rh	25	24	25	25	—	5.98
Ti	22	20	17	18	25	4.40	Pb	20	20	20	15	20	4.08
V	21	23	25	28	25	5.28	Ag	12	15(4)	15	17	—	3.35
Cr	22	22	18	20	23	4.03	Ta	25	26(13)	30	30	30	8.02
Fe	22	20	25	23	25	4.12	W	35	33(13)	30	30	30	8.80
Co	20	25(6)	22	22		4.40	Re	35	35	25	30	35	—
Ni	23	21	25	20	—	4.41							
Cu	17	17	16	15	20	3.53	Pt	27	25	22	22	25	5.60
Ge	23	25	22	18	25	4.07							
							Au	20	20	20	18	—	3.90
							Th	20	24	25	25	—	7.07
Zr	23	22(37)	18	25	—	6.14	U	20	23	25	22	27	9.57
Nb	27	25	26	32	—	7.71	Ir		(8)				5.22

值不同。用汞离子在相同条件下轰击不同原子序数的各种元素时，在每一族元素中随着原子序数的增大，阈值能量减少，周期性的数值涨落在40～130eV之间。

(2) 溅射率和入射离子能量 低于溅射能量阈值的离子入射几乎没有溅射，离子能量超过阈值后，才能产生溅射。图1-13为溅射率与入射离子能量之间的典型关系曲线。该曲线可分为三个区域：

$S \propto E^2$ $E_T < E < 500eV$（E_T为溅射阈值）

$S \propto E$ $500eV < E < 1000eV$

$S \propto E^{1/2}$ $1000eV < E < 5000eV$

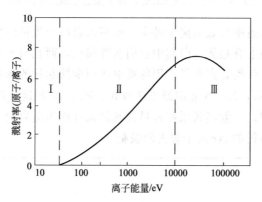

图1-13 溅射率与入射离子能量关系

即开始溅射率随着能量增大而呈指数上升，其后出现一个线性区域，并逐渐达到一个平坦区域为饱和态。当离子能量更高时，增加的趋势逐渐减少，这是因为离子能量过高而引起离子注入效应，导致溅射率下降。用Ar^+轰击Cu时，离子能量与溅射率的关系如图1-14所示。图中能量范围扩大到100keV，曲线可以分为三部分：几乎没有溅射的低能区；能量从70eV增加到10keV，为溅射率随离子能量增大的区域，用于溅射镀膜的能量大部分在此区域；30keV以上，由于产生了离子注入效应，这时溅射率随着离子能量增加而下降。

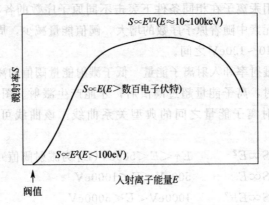

图 1-14　Ar^+ 轰击 Cu 时，离子能量与溅射率的关系

（3）溅射率与轰击离子种类　随着入射离子质量的增大，溅射率保持总的上升趋势。但其中有周期性起伏，而且与元素周期表的分组吻合。各类轰击离子所得的溅射率周期性起伏的峰值依次位于 Ne，Ar，Kr，Xe，Hg 的原子序数处。图 1-15 是这种周期性关系的实验数据。一般经常采用容易得到的氩气作为溅射的气体，通过氩气放电所得的 Ar 离子轰击阴极靶。

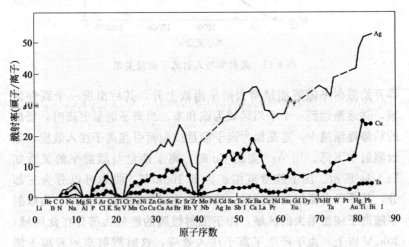

图 1-15　Ag、Cu、Ta 三种金属靶的溅射率与轰击离子原子序数之间的关系

（4）溅射率与靶材原子序数　用同一种入射离子（例如 Ar^+），在同一能量范围内轰击不同原子序数的靶材，呈现出与溅射能量的阈值相似的周期性涨落，见图 1-16。即 Cu，Ag，Au 等溅射率最高，Ti，Zr，Nb，Mo，Hf，Ta，W 等溅射率最小。

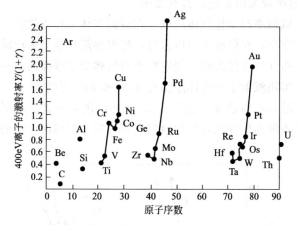

图 1-16　各种靶材的溅射率（Ar^+，轰击能量 400eV）

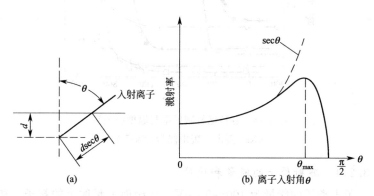

图 1-17　溅射率与离子入射角的关系

（5）溅射率与离子入射角　入射角是指离子入射方向与靶材表面法线之间的夹角，如图 1-17(a) 所示。溅射率与离子入射角的关系如图 1-17(b) 所表示。垂直入射时，$\theta = \theta_0$。当 θ 逐渐增加时，

溅射率 $S(\theta)/S(\theta_0)$ 也增加；当 θ 达到 $70°\sim80°$ 之间时，溅射率最大。此后 θ 再增，$S(\theta)/S(\theta_0)$ 急剧减小，直至为零。不同靶材的溅射率 S 随入射角 θ 变化情况是不同的。对于 Mo，Fe，Ta 等溅射率较小的金属，入射角对 S 的影响较大，而对于 Pt，Au，Ag，Cu 等溅射率较大的金属，影响较小。

（6）溅射率与工作气体压强 在较低气体工作压强时，溅射率不随压强变化，在较高工作压强时，溅射率随压强增大而减少。这是因为工作气体压强高时，溅射粒子与气体分子碰撞而返回阴极表面所致。实用溅射工作气体压强在 $0.3\sim0.8Pa$ 之间。

（7）溅射率与温度 由图 1-18 可见，在某一温度范围内，溅射率几乎不随温度变化，当靶材温度超过这一范围时，溅射率急剧上升。

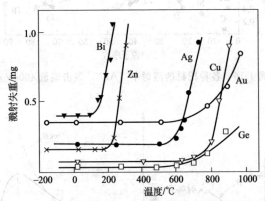

图 1-18 各种靶材溅射率与温度的关系
（Xe^+ 轰击，轰击能量 45keV）

1.3.2.4 溅射原子的能量和速度

轰击离子的能量为 $100\sim500eV$，从靶面上溅射出的粒子，离化态只占约 1%，绝大多数是单原子态。被溅射出的原子的能量和速度也是溅射特性的重要物理参数。一般由蒸发源蒸发出的原子能量为 $0.04\sim0.2eV$。而由溅射出的原子是与高能量（几百至几千电子伏特）入射离子交换动量而溅射出来的，所以有较高的能量。如以 1000eV 加速的 Ar^+ 溅射铝等轻元素，逸出原子的能量约为 10eV，而溅射钨、钼、铂时，逸出原子的能量约为 35eV。一般认为，溅射原子的能量比热蒸发原子的能量大 1~2 个数量级，为5~10eV。

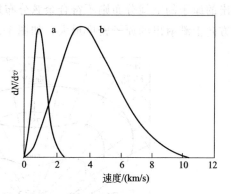

图 1-19　粒子的速度分布

a—蒸发铜粒子；b—溅射铜粒子

溅射原子的能量与靶材料、入射离子种类和能量以及溅射原子的逸出方向等都有关系。图 1-19 为热蒸发铜粒子和溅射铜粒子的速度分布曲线，纵坐标是单位速度区间的粒子数（任意单位）。蒸发和溅射粒子的速度（能量）分布符合 Maxwell 分布。从图 1-19 可以看出，溅射出的铜粒子速度（能量）明显高于蒸发粒子的速度。图 1-20 给出了不同加速电压下 He^+ 轰击 Cu 靶后溅射出 Cu 原子的速度分布图，可以看出，随着能量的增加，Cu 原子的能量范围在增大，数量也在增加。当入射离子正向轰击多晶或非晶靶时，溅射原子在空间的角分布大致符合余弦分布，如图 1-21 所示。但当入射离子倾斜入射靶材时，溅射

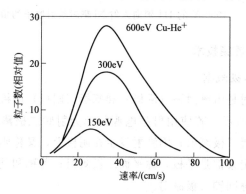

图 1-20　溅射原子的能量分布

出的原子的空间分布则不符合余弦分布规律，而是在入射离子反射方向上溅射出的原子密度最大，如图 1-22 所示。

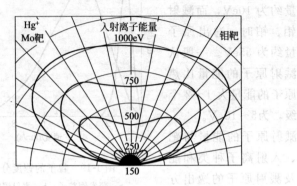

图 1-21　溅射原子的角分布（垂直入射，Hg$^+$ 能量 100～1000eV）

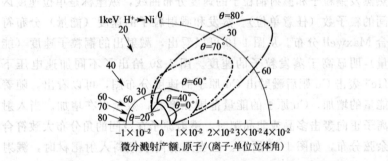

图 1-22　1000eV 的 H$^+$ 斜向入射 Ni 靶时溅射原子的角分布

1.3.3　溅射镀膜技术

1.3.3.1　二极溅射

二极溅射是由溅射靶（阴极）和基板（阳极）两极构成。其原理如图 1-23 所示。若使用射频电源的称为射频二极溅射；使用直流电源叫直流二极溅射；因溅射发生在阴极上，又称阴极溅射；若靶和基板固定架都是平板，称平面二极溅射；若靶和基板是同轴圆柱状分布就称同轴二极溅射。

在二极溅射中，阴极靶由膜料制成，工作时，先将真空室抽至

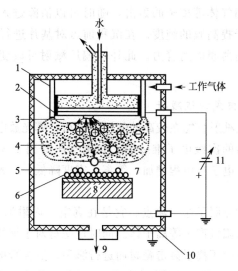

图 1-23　二极溅射示意

1—接地屏蔽；2—水冷阴极；3—阴极暗区；4—等离子体；

5—阴极鞘层；6—溅射原子；7—基片；8—阳极；

9—真空泵；10—真空室；11—直流电源

10^{-3} Pa，然后通入 Ar，使之维持 1～10Pa，接通电源使阴阳极之间产生异常辉光放电，形成等离子区，使带正电的 Ar^+ 受到电场加速轰击阴极靶，从而使靶材产生溅射。阴极靶与基板之间距离以大于阴极暗区的 3～4 倍为宜。

　　直流二极溅射的缺点是：溅射参数不易独立控制，放电电流易随气压变化，工艺重复性差；基片温升高（数百度），沉积速率较低；靶材必须是良导体。为了克服这些缺点可采取如下措施：设法在 10^{-1} Pa 以上真空度产生辉光放电，同时形成满足溅射的高密度等离子体；加强靶的冷却，在减少热辐射的同时，尽量减少或减弱由靶放出的高速电子对基板的轰击；选择适当的入射离子能量。

　　直流偏压溅射就是在直流二极溅射的基础上，在基片上加上一定的直流偏压。若施加的是负偏压，则在薄膜沉积过程中，基片表面将受到气体等离子的轰击，随时可以清除进入薄膜表面的气体，有利于提高膜的纯度。在沉积前可对基片进行轰击净化表面，从而提高薄膜的附着力。此外，偏压溅射可改变沉积薄膜的结构。

1.3.3.2　三极或四极溅射

二极直流溅射只能在较高的气压下进行，辉光放电是靠离子轰击阴极所发出的次级电子维持的。如果气压降到 $1.3\sim2.7Pa$ 时，则暗区扩大，电子自由程增加，等离子密度降低，辉光放电便无法维持。

三极溅射克服了这一缺点。它是在真空室内附加一个热阴极，可产生电子与阳极产生等离子体。同时使靶材对于该等离子为负电位，用离子体中正离子轰击靶材而进行溅射。三极溅射的电流密度可达 $2mA/cm^2$，放电气压可为 $1\sim0.1Pa$，放电电压为 $1000\sim2000V$，镀膜速率为二极溅射的两倍。如果再加入一个稳定电极使放电更稳定，称为四极溅射。

三（四）极溅射的靶电流主要决定于阳极电流，而不随电压而变。因此，靶电流和靶电压可以独立调解，从而克服了二极溅射的缺点；三极溅射在 $100V$ 到数百伏的靶电压下也能工作；靶电压低，对基片溅射损伤小，适合用来做半导体器件；溅射率可由热阴极发射电流控制，提高了溅射参数的可控性和工艺重复性。三（四）极溅射也存在缺点：由于热丝电子发射，难以获得大面积均匀等离了体，不适了镀大工件；不能控制由靶产生的高速电了对基板的轰击，特别是高速溅射情况下，基板的温升较高；灯丝寿命短，也还存在灯丝不纯物对膜的沾染。

1.3.3.3　射频（RF）溅射

因为对直流溅射，如果靶材是绝缘材料，在正离子的轰击下就会带正电，从而使电位上升，离子加速电场就逐渐变小，到停止溅射，至辉光放电停止。而射频溅射之所以能溅射绝缘靶进行镀膜，主要是因为在高频交变电场作用下，可在绝缘靶表面上建立起负偏压的缘故。其原理是，如果在靶上施加射频电压，在靶处于正半周时，由于电子质量比离子质量小，故迁移率高，在很短时间内飞向靶面，中和其表面累积的正电荷，并且在靶表面迅速积累大量电子，使靶材表面呈负电位，吸引正离子继续轰击靶表面产生溅射。实现了正、负半周中，均可产生溅射。这样一来，它克服了直流溅射只能溅射导体材料的缺点，可以溅射沉积绝缘膜。

射频溅射装置如图 1-24 所示。射频溅射的机理和特性可以用射频辉光放电解释，等离子体中电子容易在射频电场中吸收能量产生震荡，因此，电子与工作气体分子碰撞并使之电离的概率非常大，故使得击穿电压和放电电压显著降低，只有直流溅射的 1/10左右。

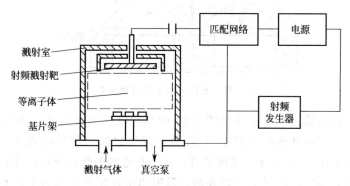

图 1-24　射频溅射装置

射频溅射不需要用次级电子来维持放电。但是，当离子能量高达数千电子伏特时，绝缘靶上发射的电子数量也相当大，由于靶具有较高的负电位，电子通过暗区得到加速，将成为高能电子轰击基片，导致基片发热、带电和影响镀膜质量。所以，须将基片放置在不直接受次级电子轰击的位置上，或者利用磁场使电子偏离基片。射频溅射的特点是能溅射沉积导体、半导体、绝缘体在内的几乎所有材料。但是射频电源价格一般较贵，射频电源功率不能很大，而且采用射频溅射装置须注意辐射防护。

1.3.3.4 磁控溅射

上面介绍的几种溅射，主要缺点是沉积速率比较低，特别是阴极溅射，其放电过程中只有 0.3%～0.5% 的气体分子被电离。为了在低气压下进行溅射沉积，必须提高气体的离化率。磁控溅射是一种高速低温溅射技术，由于在磁控溅射中运用了正交电磁场，使离化率提高到 5%～6%，使溅射速率比三极溅射提高 10 倍左右，沉积速率可达几百至 2000nm/min。

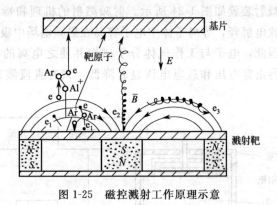

图 1-25　磁控溅射工作原理示意

磁控溅射工作原理如图 1-25 所示，电子 e 在电场 E 的作用下，在飞向基板的过程中与 Ar 原子发生碰撞，使其电离成 Ar^+ 和一个电子 e，电子 e 飞向基片，Ar^+ 在电场的作用下加速飞向阴极靶，并以高能量轰击靶表面，溅射出中性靶原子或分子沉积在基片上形成膜。另外，被溅射出的二次电子 e_1 一旦离开靶面，就同时受到电场和磁场作用，进入负辉区只受磁场作用。于是，从靶表面发出了二次电子 e_1，首先在阳极暗区受到电场加速飞向负辉区，进入负辉区的电子具有一定速度，并且是垂直于磁力线运动的，在洛仑兹力 $F=q(E+vB)$ 的作用下，而绕磁力线旋转。电子旋转半圈后重新进入阴极暗区，受到电场减速。当电子接近靶平面时速度降为零。以后电子在电场作用下再次飞离靶面，开始新的运动周期。电子就这样跳跃式地向 EB 所指方向漂移，如图 1-26 所示。电子在正交电磁场作用下的运动轨迹近似一条摆线。若为环行磁场，则电子就近似摆线形式在靶表面作圆周运动。二次电子在环状磁场的控制下，运动路径很长，增加了与气体碰撞电离的概率，从而实现磁控溅射沉积速率高的特点。

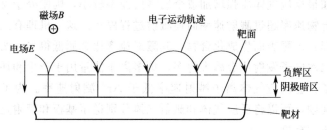

图 1-26　电子在正交磁场下的 $E \times B$ 漂移运动

磁控溅射源类型有柱状磁控溅射源、平面磁控溅射源（分为圆形靶和矩形靶）、S 枪溅射枪。磁控溅射的种类较多，除了上述的种类外，还有对靶溅射和非平衡磁控溅射。对靶溅射是将两只靶相对安置，所加磁场和靶面垂直，且磁场和电场平行。等离子体被约束在磁场及两靶之间，避免了高能电子对基板的轰击，使基板温升减小。对靶溅射可以用来制备 Fe，Co，Ni，Fe_2O_3 等磁性薄膜。非平衡磁控溅射是采用通过磁控溅射阴极内、外两个磁极端面的磁通量不相等，所以称非平衡磁控溅射。其特征在于，溅射系统中约束磁场所控制的等离子区不仅限于靶面附近，而且扩展到基片附近，形成大量离子轰击，直接影响基片表面的溅射成膜过程。

1.3.3.5　反应溅射

化合物薄膜占全部薄膜的 70%，在薄膜制备中占重要地位。大多数化合物薄膜可以用化学气相沉积（CVD）法制备，但是 PVD 也是制备化合物薄膜的一种好方法。反应溅射是在溅射镀膜中，引入某些活性反应气体与溅射粒子进行化学反应，生成不同于靶材的化合物薄膜。例如通过在 O_2 中溅射反应制备氧化物薄膜，在 N_2 或 HH_3 中制备氮化物薄膜，在 C_2H_2 或 CH_4 中制备碳化物薄膜等。

如同蒸发一样，反应过程基本上发生在基板表面，气相反应几乎可以忽略，在靶面同时存在着溅射和反应生成化合物的两个过程：溅射速率大于化合物生成速率，靶可能处于金属溅射状态；相反，如果反应气体压强增加或金属溅射速率较小，则靶处于反应生成化合物速率超过溅射速率而使溅射过程停止。这一机理有三种可能，即：①靶表面生成化合物，其溅射速率比金属低得多；②化合物的二次电子发射比金属大得多，更多离子能量用于产生和加速二次电子；③反应气体离子溅射速率低于 Ar^+ 溅射速率。为了解决这一问题，可以将反应气体和溅射气体分别送至基板和靶附近，以形成压力梯度。

反应溅射的过程如图 1-27 所示。一般反应气体有 O_2、N_2、CH_4、CO_2、H_2S 等，一般反应溅射的气压都很低，气相反应不显著。但是，等离子体中流通电流很高，对反应气体的分解、激发和电离起着重要作用。因而使反应溅射中产生强大的由载能游离原子团组成的粒子流，与溅射出来的靶原子从阴极靶流向基片，在基片上克服薄膜生成的激活能而生成化合物，这就是反应溅射的主要机理。

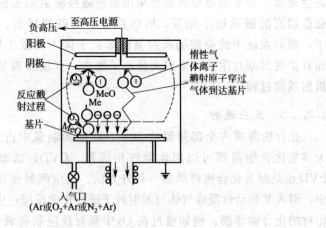

图 1-27 反应溅射过程示意

　　在很多情况下，只要改变溅射时反应气体与惰性气体的比例，就可改变薄膜性质，如可使薄膜由金属→导体→非金属。图 1-28 示出了钽膜特性与氮气掺入量的关系，随着氮气分压的增加，薄膜结构改变，并且电阻率也随之变化。

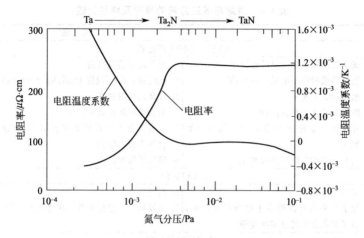

图 1-28　反应溅射镀膜中，钽膜特性与氮掺入量的关系曲线

　　反应溅射中的靶材可以是纯金属，也可以是化合物。反应溅射也可采用磁控溅射。反应磁控溅射制备化合物薄膜具有以下优点：①有利于制备高纯度薄膜；②通过改变工艺参数，可制备化学配比和非化学配比的化合物薄膜，从而可调控薄膜特性；③基板温度低，选择范围大；④镀膜面积大、均匀，有利于工业化生产。

　　一般制备化合物膜的技术有：直流反应磁控溅射，它适合溅射金属靶材合成某些化合物薄膜或溅射高阻靶形成化合物薄膜；射频反应溅射适合于溅射绝缘靶合成化合物薄膜。直流反应磁控溅射与射频反应溅射相比，具有反应溅射不稳定，工艺过程难以控制，溅射速率低等不足。而射频溅射匹配困难，要防止射频泄漏，电源功率不能大（10～15kW），溅射速率低。

　　现在，反应溅射已经应用到许多领域，如建筑镀膜玻璃中的 ZnO，SnO_2，TiO_2，SiO_2 等；电子工业中使用的透明导电膜 ITO

膜和 ZAO 膜，SiO_2，Si_3O_4，Al_2O_3 等钝化膜、隔离膜；光化学工业中的 TiO_2，SiO_2，Ta_2O_5 等。

以上我们介绍了蒸发镀膜和溅射镀膜，这两种镀膜方式各有特点，表 1-6 对这两种镀膜方法的原理及特点作了较为详尽的对比。

表 1-6　溅射与蒸发方法的原理及特性比较

溅 射 法	蒸 发 法
沉积气相的生产过程	
1. 离子轰击和碰撞动量转移机制	1. 原子的热蒸发机制
2. 较高的溅射原子能量($2\sim30eV$)	2. 低的原子动能(温度 1200K 时约为 0.1eV)
3. 稍低的溅射速率	3. 较高的蒸发速率
4. 溅射原子运动具方向性	4. 蒸发原子运动具方向性
5. 可保证合金成分,但有的化合物有分解倾向	5. 蒸发时会发生元素贫化或富集,部分化合物有分解倾向
6. 靶材纯度随材料种类而变化	6. 蒸发源纯度较高
气相过程	
1. 工作压力稍高	1. 高真空环境
2. 原子的平均自由程小于靶与衬底间距,原子沉积前要经过多次碰撞	2. 蒸发原子不经碰撞直接在衬底上沉积
薄膜的沉积过程	
1. 沉积原子具有较高能量	1. 沉积原子具有能量较低
2. 沉积过程会引入部分气体杂质	2. 气体杂质含量低
3. 薄膜附着力较高	3. 晶粒尺寸大于溅射沉积的薄膜
4. 多晶取向倾向大	4. 有利于形成薄膜取向

1.4　离子镀膜

离子镀膜技术（简称离子镀，Ion Plating，IP）是美国 Sandia 公司的 D. M. Mattox 于 1963 年首先提出的。它是结合真空蒸发镀和溅射镀膜的特点而发展起来的一种镀膜技术。1971 年 Baunshah 等发展了活性反应蒸发（ARE）技术，并制备了超硬膜。1972 年 Moley 和 Smith 把空心热阴极技术应用于薄膜沉积。而后，小宫宗治等进一步发展完善了空心阴极放电离子镀，并应用于装饰涂层和工模具涂层的沉积。1976 年日本的村山洋一等发明了射频离子镀。俄国人在阴极电弧镀方面做了大量研究工作。1981 年美国 Multi-

Arc公司在购买俄国人专利的基础上推出了阴极电弧离子镀设备，并推向世界。同时，欧洲的巴尔泽斯公司开拓了热丝等离子弧离子镀技术。此后离子镀技术迅速发展，目前该技术已流行全世界。

离子镀是在真空条件下，应用气体放电或被蒸发材料的电离，在气体离子或被蒸发物离子的轰击下，将蒸发物或反应物沉积在基片上。离子镀是将辉光放电、等离子体技术与真空蒸发技术结合在一起，显著提高了沉积薄膜的性能，并还拓宽了镀膜技术的应用范围。离子镀膜技术具有薄膜附着力强，绕镀能力好，可镀材料广泛等一些优点。

1.4.1 离子镀原理

图 1-29 为直流二极型离子镀装置示意图。当真空抽至 $10^{-4}\,Pa$ 时，通入 Ar 使真空度达 $1\sim10^{-1}\,Pa$。接通高压电源，则在蒸发源与基片之间建立一个低压等离子区，由于基片在负高压并在等离子包围中，不断受到正离子的轰击，因此可以清除基片表面。同时，镀材气化后，蒸发粒子进入等离子区，与其他正离子和没被激活的 Ar 原子及电子碰撞。其中一部分蒸发粒子被电离成正离子，在负

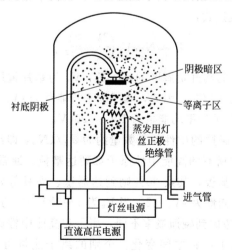

图 1-29　离子镀原理

高压电场加速下，沉积到基片上形成薄膜。离子镀膜层的成核与生成所需能量，不是靠加热方式获得，而是靠离子加速方式来激励的。

1.4.2　离子镀膜条件

作为离子镀膜技术必须具备三个条件：一是应有一个放电空间，使工作气体部分电离产生等离子体；二是要将镀材原子和反应气体原子输送到放电空间；三是在要基片上施加负电位，以形成对离子加速的电场。

在离子镀中，基片为阴极，蒸发源为阳极。通常极间为 $1\sim 5kV$ 负高压，由于电离作用产生的镀材离子和气体离子在电场中获得较高的能量，它们会在电场加速下轰击基片和镀层表面，这种轰击过程会自始至终。因此，在基片上同时存在两种过程：正离子（Ar^+ 或被电离的蒸发粒子）对基片的轰击过程；膜材原子的沉积作用过程。显然，只有沉积作用大于溅射作用时，基片上才能成膜。

若设正离子在达到基片的过程中与中性粒子的碰撞次数为 d_k/λ 时，D. G. Teer 给出了离子镀过程中，由离子带到基片表面的能量 E_i 的近似表达式：

$$E_i \approx N_0 e V_e \left(\frac{2\lambda}{d_k} - \frac{2\lambda^2}{d_k^2} \right) \qquad (1-25)$$

式中，N_0 为离开负辉区的粒子数；V_e 为基片偏压。在离子镀系统中，$\lambda/d_k \approx 1/20$。因此，离子的平均能量为 $eV_e/10$。当 V_e 为 $1\sim 5kV$ 时，粒子的平均能量为 $100\sim 500eV$。

由于受到碰撞的中性粒子数量约为 $d_k/\lambda N_0$，即约为离子数的 20 倍，但并非所有的高能中性原子都到达基板。通常只有 70% 左右的原子到达基板，其余 30% 则到达器壁、夹具等处。这些高能中性原子平均能量为 $eV_e/22$，当 V_e 为 $1\sim 5kV$ 时，其平均能量为 $45\sim 225eV$。考虑到碰撞概率不同，离子和高能中性原子的能量将在零到数千电子伏特之间变化，个别的离子能量可达 $1\sim 5keV$。D. G. Teer 测出了金属离化率，只有 0.1%～1%，但由于产生了大量中性原子，故提高了蒸发粒子的总能量。因此，离子镀还是具有许多优点的。

离子能量以 500eV 为界，分为高能和低能。离子镀技术通常是采用低能离子轰击。当离子能量低于 200eV，对提高沉积原子的迁移率和附着力，对表面弱吸附原子的解吸，改善膜的结构和性能有利。若离子能量过高，则会产生点缺陷，使膜层产生空隙和导致膜层应力增加。

表 1-7 离子轰击对沉积膜性能的改善

编号	膜层材料	离子种类	改性内容	离子能量 /eV	离子到达比 (Ψ_i/Ψ_d)
1	Ge	Ar$^+$	应力，结合力	600~3000	0.0002~0.1
2	Nb	Ar$^+$	应力	100~400	0.03
3	Cr	Ar$^+$，Xe$^+$	应力	3400~11500	0.008~0.04
4	Cr	Ar$^+$	应力	200~800	0.007~0.02
5	SiO$_2$	Ar$^+$	阶梯覆盖	500	0.3
6	SiO$_2$	Ar$^+$	阶梯覆盖	1~80	约 4.0
7	AlN	N$^+$	择优取向	300~500	0.96~1.5
8	Au	Ar$^+$	覆盖 0.5mm 厚度	400	0.1
9	CdCoMo	Ar$^+$	磁各向异性	1~150	约 0.1
10	Cu	Cu$^+$	改善外延	50~400	0.01
11	BN	(B—N—H)$^+$	立方结构	200~1000	约 0.1
12	ZrO$_2$-SiO$_2$-TiO$_2$	Ar$^+$，O$^+$	折射率，非晶-晶态	600	0.025~0.1
13	SiO$_2$-TiO$_2$	O$^+$	折射率	300	0.12
14	SiO$_2$-TiO$_2$	O$^+$	透光性	30~500	0.05~0.25
15	Cu	Ar$^+$，N$^+$	结合强度	50000	0.02
16	Ni	Ar$^+$	硬度	10000~20000	约 0.25

表 1-7 收集了一些离子轰击改性实例。离子到达比是轰击膜层的入射离子通量 Ψ_i 与沉积原子通量 Ψ_d 之比，即 Ψ_i/Ψ_d。离子镀时，每个沉积原子由入射离子获得的平均能量，称能量获取值 $E_a(eV)$。

$$E_a = E_i\Psi_i/\Psi_d \tag{1-26}$$

式中，E_i 为入射离子能量，eV；Ψ_i/Ψ_d 为离子到达比。由于反溅射作用，离子到达比越高，则镀膜速率越低。

1.4.3　离子镀的特点

与蒸发镀膜、溅射镀膜相比，离子镀膜有如下特点。

（1）膜层附着性能好。因为辉光放电产生大量高能粒子对基片表面产生阴极溅射，可清除基片表面吸附的气体和污染物，使基片表面净化，这是获得良好附着力的重要原因之一。在离子镀膜过程中，溅射与沉积并存。在镀膜初期可在膜基界面形成混合层。即"扩散层"可有效改善膜层附着性能。

（2）膜层密度高。在离子镀膜过程中，膜材离子和中性原子带有较高能量到达基片，在其上扩散、迁移。膜材原子在空间飞行过程中形成蒸气团，到达基片时也被粒子轰击碎化，形成细小核心，生长为细密的等轴晶。在此过程中，高能 Ar^+ 对改善膜层结构，提高膜密度起重要作用。

（3）绕镀性能好。在离子镀过程中，部分膜材原子被离化后成为正离子，将沿着电场电力线方向运动。凡是电力线分布处，膜材离子都可到达。离子镀中工件各表面都处于电场中，膜材离子都可到达。另外，由于离子镀膜是在较高压强（≥1Pa）下进行，气体分子平均自由程比源-基距小，以至膜材蒸气的离子或原子在到达基片的过程中与 Ar^+ 产生多次碰撞，产生非定向散射效应，使膜材粒子散射在整个工件周围。所以，离子镀膜技术具有良好的绕镀性能。

（4）可镀材质范围广泛，可在金属、非金属表面镀金属或非金属材料。

（5）有利于化合物膜层形成。在离子镀技术中，在蒸发金属的同时，向真空通入活性气体则形成化合物。在辉光放电低温等离子体中，通过高能电子与金属离子的非弹性碰撞，将电能变为金属离子的反应活化能，所以在较低温度下，也能生成只有在高温条件下才能形成的化合物。

（6）沉积速率高，成膜速度快。如，离子镀 Ti 沉积速率可达 0.23mm/h，镀不锈钢可达 0.3mm/h。

1.4.4　离化率与离子能量

在离子镀膜中有离子和高速中性粒子的作用，并且离子轰击存在整个镀膜过程中。而离子的作用与离化率和离子能量有关。离化率是被电离的原子数与全部蒸发原子数之比。它是衡量离子镀活性的一个重要指标。在反应离子镀中，它又是衡量离子活化程度的主要参量。被蒸发原子和反应气体的离子化程度对沉积膜的性质会产生直接影响。在离子镀中，中性粒子的能量为 W_v，主要取决于蒸发温度，其值为

$$W_v = n_v E_v \tag{1-27}$$

式中，n_v 为单位时间内在单位面积上所沉积的粒子数；E_v 为蒸发粒子动能，$E_v = 3kT_v/2$，其中，k 为 Boltzmann 常数；T_v 为蒸发物质温度。

在离子镀膜中，离子能量为 W_i，主要由阴极加速电压决定，其值为

$$W_i = n_i E_i \tag{1-28}$$

式中，n_i 为单位时间对单位面积轰击的离子数；E_i 为离子平均能量，$E_i \approx eU_i$，其中 U_i 为沉积离子平均加速电压。

由于荷能离子的轰击，基片表面或薄膜上粒子能量增大和产生界面缺陷使基片活化，而薄膜也在不断的活化状态下凝聚生长。薄膜表面的能量活性系数 ε 可由下式近似给出

$$\varepsilon = (W_i + W_v)/W_v = (n_i E_i + n_v E_v)/n_v E_v \tag{1-29}$$

这个活性系数是增加离子作用后和凝聚能与单纯蒸发时凝聚能的比值。由于 $n_v E_v \ll n_i E_i$，可得

$$\varepsilon \approx \frac{n_i E_i}{n_v E_v} = \frac{eU_i}{3kT_v/2}\left(\frac{n_i}{n_v}\right) = C\frac{U_i}{T_v}\left(\frac{n_i}{n_v}\right) \tag{1-30}$$

式中，T_v 为热力学温度，K；n_i/n_v 为离子镀的离化率；C 为可调节参数。

由式(1-30)看出，在离子镀过程中，由于基片的加速电压 U_i 的存在，即使离化率很低也会影响离子镀的能量活性系数。在离子

镀中轰击离子的能量取决于基片加速电压，一般为 $50 \sim 5000\mathrm{eV}$，溅射原子的平均能量约为几个电子伏特。而普通热蒸发中温度为 $2000\mathrm{K}$，蒸发原子的平均能量约为 $0.2\mathrm{eV}$。表 1-8 中给出各种镀膜所达到的能量活度系数。而在离子镀中可以通过改变 U_i 和 n_i/n_v，使 ε 提高 $2 \sim 3$ 个数量级。例如，离子平均加速电压 $U_i = 500\mathrm{V}$，$n_i/n_v = 3 \times 10^{-3}$ 时，离子镀的能量活性系数与溅射相同。图 1-30 是蒸发温度为 $1800\mathrm{K}$，能量活性系数 ε、离化率 n_i/n_v 和加速电压 U_i 的关系。由图 1-30 可以看出，能量活性系数 ε 和加速电压 U_i 的关系在很大程度上受离化率的限制。通过提高离化率可提高离子镀的活性系数。

表 1-8　几种镀膜技术的表面能量活性系数

镀膜技术	能量系数	参　　数	
真空蒸发	1	蒸发粒子能量 $E_v \approx 0.2\mathrm{eV}$	
溅射	$5 \sim 10$	溅射粒子能量 $E_v \approx 1 \sim 10\mathrm{eV}$	
离子镀		离化率 $(n_i/n_v)/\%$	平均加速电压 U_i/V
	1.2	0.1	50
	3.5	$0.01 \sim 1$	$50 \sim 5000$
	25	$0.1 \sim 10$	$50 \sim 5000$
	250	$1 \sim 10$	$500 \sim 5000$
	2500	$1 \sim 10$	$500 \sim 5000$

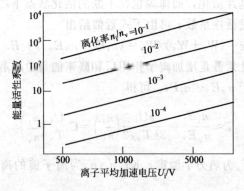

图 1-30　能量活性系数、离化率与加速电压的关系

要提高离子镀的能量系数必须提高离子镀的离化率，离子镀的

发展也是不断提高离化率的过程。表 1-9 是几种离子镀装置的离化率比较。

表 1-9　几种离子镀装置的离化率

离子镀装置	Mattox 二极型	射频激励型	空心阴极型	电弧放电型
离化率(n_i/n_v)/%	0.1～2	10	22～40	60～80

1.4.5　离子的轰击作用

离子镀膜的一大特点就是离子参与整个镀膜过程，并且离子轰击引起的各种效应，其中包括：离子轰击基片，离子轰击膜-基界面，离子轰击生长中的膜层所产生的物理化学效应。

(1) 在薄膜沉积之前，离子对基片的轰击作用如下：①溅射清洗作用。可有效地清除基片表面所吸附的气体，各种污染物和氧化物。②产生缺陷和位错网。③破坏表面结晶结构。④气体的掺入。⑤表面成分变化，造成表面成分与整体成分的不同。⑥表面形貌变化，表面粗糙度增大。⑦基体温度升高。

(2) 离子轰击对薄膜生长的影响作用如下：①膜基面形成"伪扩散层"，形成梯度过渡，提高了膜-基界面的附着强度。如在直流二极离子镀 Ag 膜与 Fe 基界面间可形成 100nm 过渡层。磁控溅射离子镀铝膜铜基时，过渡层厚为 $1\sim4\mu m$。②利于沉积粒子形核。离子轰击增加了基片表面的粗糙度、使缺陷密度增高，提供了更多的形核位置，膜材粒子注入表面也可成为形核位置。③改善形核模式。经离子轰击后，基体表面产生更多的缺陷，增加了形核密度。④影响膜形态核结晶组分。离子镀能消除柱状晶，代之为颗粒状晶。⑤影响膜的内应力。离子轰击一方面使一部分原子离开平衡位置而处于一种较高能量状态，从而引起内应力的增加，另一方面，粒子轰击使基片表面的自加热效应又有利于原子扩散。恰当地利用轰击的热效应或引进适当的外部加热，可以减小内应力，另外还可提高膜层组织的结晶性能。通常，蒸发镀膜具有张应力，溅射镀膜和离子镀膜具有压应力。⑥提高材料的疲劳寿命。离子轰击可使基体表面产生压应力和基体表面强化作用。

1.4.6　离子镀类型

　　离子镀的分类方式有多种，一般从离子来源的角度分类，可把离子镀分为蒸发源离子镀和溅射源离子镀两大类。

　　蒸发源离子镀有许多类型，按膜材气化方式分，有电阻加热、电子束加热、高频或中频感应加热、等离子体束加热、电弧光放电加热等；按气体分子或原子的离化和激发方式分，有辉光放电型、电子束型、热电子束型、等离子束型、磁场增强型和各类型离子源等。

　　溅射离子镀是通过采用高能离子对镀膜材料表面进行溅射而产生金属粒子，金属粒子在气体放电空间电离成金属离子，它们到达施加负偏压的基片上沉积成膜。溅射离子镀有磁控溅射离子镀、非平衡溅射离子镀、中频交流磁控离子镀和射频溅射离子镀。

　　离子镀技术的重要特征是在基片上施加负偏压，用来加速离子，增加调节离子能量。负偏压的供电方式，除传统的直流偏压外，近年来又兴起采用脉冲偏压。脉冲偏压具有频率、幅值和占空比可调的特点，使偏压值、基体温度参数可分别调控，改善了离子镀膜技术工艺条件，对镀膜会产生更多的新影响。

1.4.6.1　直流二极离子镀

　　直流（DC）二极离子镀装置如图 1-31 所示，其特征利用二极间辉光放电产生离子，并由基片上施加 $1\sim5kV$ 的负偏压加速离子，工作气体为 Ar，气压为 $1\sim10Pa$。产生辉光放电后，基体与蒸发源之间形成低温等离子区。蒸发源产生的金属气原子在向基板运动的过程中与高能电子产生非弹性碰撞，使部分金属气原子电离形成金属离子。离子在阴极位降区加速，其能量可达 $10\sim1000eV$，轰击基体表面。当粒子的沉积速率大于基片的溅射速率时，在基片上沉积成膜。对蒸镀熔点 $<1400℃$ 的金属，Au，Ag，Cu，Cr 等采用电阻加热式蒸发源。如用电子束蒸发源必须利用压差板以保证电

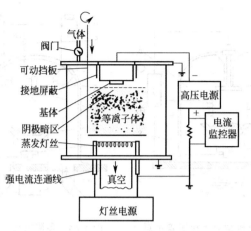

图 1-31 DC 二极离子镀装置

子枪工作所需的高真空度。

直流二极离子镀放电空间电荷密度较低，阴极电流密度仅 $0.25 \sim 0.4 \mathrm{mA/cm^2}$，离化率在百分之零点几到 2% 之间。直流二极离子镀设备较简单，有较强绕射性，镀膜工艺易实现，且膜层均匀、附着力较好。但其轰击离子能量较高，对膜层有剥离作用，同时会使基片温升，造成膜层表面粗糙，质量较差。由于直流二极离子镀工作真空低，膜层易污染。另外，直流二极离子镀工艺参数较难控制：放电电压和离子加速电压不易分别调整。

1.4.6.2　三极和多极型离子镀

图 1-32 是三极型离子镀示意图，图 1-33 是多阴极离子镀示意图。三极型离子镀是蒸发源与基体之间加入电子发射极和收集极（正极）。在电子收集极的作用下，发射的大量低能电子进入等离子区，增加了与镀材的蒸发粒子流的碰撞概率，提高了离化率。直流二极型离子镀的离化率只有 2%，而三极型的热电子发射可达 $10\mathrm{A}$，收集极电压为 $200\mathrm{V}$ 以下，基体电流密度可提高 $10 \sim 20$ 倍，离化率可达 10%。

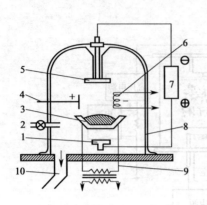

图 1-32　三极型离子镀装置示意　　图 1-33　多阴极离子镀装置示意

1—阳极；2—进气口；3—蒸发源；　　　1—阳极；2—蒸发源；3—基板；

4—电子吸收极；5—基板；6—电子发射极；　4—热电子发射阴极；5—可调电阻；

7—直流电源；8—真空室；9—蒸发电源；　6—灯丝电源；7—直流电源；8—真空室；

10—真空系统　　　　　　　9—真空系统；10—蒸发电源；11—进气

　　三极型离子镀也称热电子增强型离子镀。其特点为：①由热阴极灯丝电流和阳极电压变化，可独立控制放电条件，可有效地控制膜层的晶体结构和颜色、硬度等性能。②在主阴极（基片）上的维持辉光放电的电压较低，减少了高能离子对基片的轰击作用，使基片温升得到控制。③工作气压可在 0.133Pa，较二极型高一个数量级，膜层质量好。

1.4.6.3　射频离子镀

　　射频离子镀（Radio Frequency Ion Plating，RFIP）是由日本的林三洋一在 1973 年提出，基本原理如图 1-34 所示。采用 RF 激励式技术稳定，能在高真空下镀膜，被蒸发物质气化粒子离化率可达 10%，工作压力为 $10^{-1} \sim 10^{-3}$ Pa，为二极型的 1%，一般 RF 线圈 7 圈，高度 7cm，用直径 ϕ3mm 铜线绕制，源基距 20cm，射频频率 $f = 13.56\text{MHz}$ 或 18MHz，功率为 0.5～2kW，直流偏压为 0～−2000V。

　　射频离子镀镀膜室分为三个区域：以蒸发源为中心的蒸发区；以感应线圈为中心的离化区；以基片为中心的离子加速区和离子到达区。通过分别调节蒸发源功率、感应线圈的射频激励功率、基体偏压，可以对三个区域独立控制，而有效地控制沉积过程，改善镀膜质量。

　　射频离子镀的特点为：①蒸发、离化和加速三过程分别独立控制；离化率（5%～15%）介于直流放电型与空心阴极型之间。②在10^{-1}～10^{-3} Pa 高真空

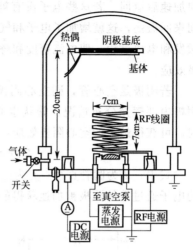

图 1-34　射频离子镀装置示意

下，也能稳定放电，离化率高，镀层质量好。③易进行反应离子镀，适宜制备化合物薄膜和对非金属基体沉积。④基片温升低，操作方便。⑤由于工作真空高，沉积粒子受气体粒子的散射较小，故镀膜绕镀性差。⑥射频辐射对人有害，应有良好的接地线和应进行适当的屏蔽防护。

1.4.6.4　空心阴极离子镀

　　空心阴极放电（Hollow Cathode Discharge，HCD）离子镀又称空心阴极离子镀。它是在弧光放电和离子镀基础上发展起来的一种薄膜沉积技术。它是在空心热阴极放电技术上发展起来的。后来，日本人小宫宗泽将其实用化，应用于装饰镀和刀具镀硬膜工业生产。现在空心阴极离子镀已进入工业生产应用。

　　空心阴极放电分为冷阴极放电和热阴极放电，在离子镀中通常采用热空心阴极放电。空心阴极放电的原理为：在双阴极产生的辉光放电中，若两阴极的位降区相互独立，则互不影响。若两阴极靠近，使两个负辉区合并，此时，从阴极 k_1 发射的电子在 k_1 阴极位降区加速，当它进入阴极 k_2 的阴极位降区时，又被减速，并被反

向加速后返回。若这些电子没有被激发的话，它们将在 k_1 和 k_2 之间来回振荡，这就增加了电子和气体分子的碰撞概率，引起更多的激发和电离过程，使电流密度和辉光强度剧增，这种效应称空心阴极效应。

若阴极是空心管，则空心阴极效应更加明显。图 1-35 是管状阴极内部辉光分布情况。管状空心阴极放电满足下面的共振条件时，可获得最大的空心阴极效应：

$$2df=V_e \tag{1-31}$$

式中，d 为圆管直径；f 为电子在空心阴极间振荡的频率；V_e 为电子通过等效阴极被加速获得的速度。

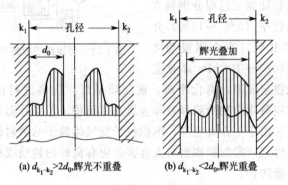

(a) $d_{k_1-k_2}>2d_0$，辉光不重叠　　(b) $d_{k_1-k_2}<2d_0$，辉光重叠

图 1-35　空心阴极管内辉光放电情形

在空心阴极离子镀装置中，管状阴极是用高熔点金属 Ta 或 W 制成，坩埚作阳极。待抽至高真空后，向 Ta 管中通入 Ar 气后，施加数百伏电压，开始产生气体辉光放电。由于空心阴极效应使 Ta 管中电流密度很大，大量 Ar^+ 轰击 Ta 管管壁，使管温升至 2300K 以上。因 Ta 管发射大量热电子，放电电流迅速增加，电压下降，辉光放电转为弧光放电，如图 1-36 所示。这些高密度的等离子电子束受阳极吸引，使坩埚中的镀材熔化、蒸发。

空心阴极离子镀装置如图 1-37 所示。此装置为 90° 偏转型 HCD 枪，也有 45° 偏转型 HCD 枪的装置。真空室工作压力为 1.33Pa，HCD 枪功率一般为 5～10kW，电子束功率密度可达

0.1MW/cm²，可蒸发熔点在2000℃以下的高熔点金属。在HCD离子镀中通过通入不同的反应气体也可以获得各种化合物薄膜，如 CrN，TiN，AlN，TiC 等。

空心阴极离子镀的特点为：①离化率高，高能中性粒子密度大。HCD 的离化率可达 $20\% \sim 40\%$，离子密度可达 $(1\sim 9)\times 10^{15}/(cm^2 \cdot s)$，比其他离子镀高 1～2 个数量级。在沉积过程中还产生大量高能中性粒子比其他离子镀高 2～3 个数量级。②膜层致密，质量高，附着力强。由于大量离子和高

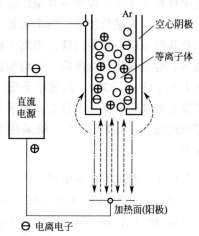

⊖ 电离电子
⊕ 正离子
○ Ar分子
◄----- 跑向阴极的正离子
———➤ 来自等离子体的电子
——➤ 来自阴极的电子

图 1-36 空心阴极放电原理

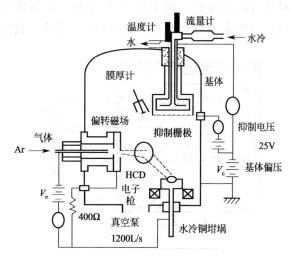

图 1-37 90°偏转型 HCD 电子枪离子镀装置示意

能中性粒子轰击，即使基片偏压较低，也能起到良好的溅射清洗作用。同时，大量荷能粒子轰击也促进了膜-基原子间的结合和扩散，以及膜层原子的扩散迁移。提高了膜层附着力，并可获得高质量的金属、合金或化合物薄膜。③绕镀性好。由于 HCD 离子镀工作气压为 0.133～1.33Pa，蒸发原子受气体分子散射效应大，同时，金属原子的离化率高，大量金属原子受基板负电位吸引，因此具有较好的绕镀性。④HCD 电子枪采用低电压大电流工作，操作简易、安全。

1.4.6.5　活性反应离子镀

活性反应离子镀，简称 ARE（Activated Reactive Evaporation），它是由美国的 R. F. Bunshah 于 1972 年首先发明的。它的原理为：在离子镀过程中，在真空室中通入能与金属蒸气反应的活性气体，如 O_2，N_2，C_2H_2，CH_4 等，代替 Ar 或将其掺入 Ar 气中，并用各种放电方式使金属蒸气和反应气体分子激活离化，促进其间化学反应，在基片表面上生成化合物薄膜。

各种离子镀装置均可改成活性反应离子镀，ARE 如图 1-38 所示。这种装置的蒸发源一般采用"e"型枪。为保持电子枪工作的真空度，真空室一般分为上、下两室，上面为蒸发室，下面

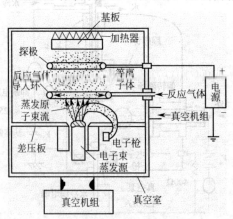

图 1-38　活性反应离子镀设备原理

为电子束室。由电子枪发射的电子束经压差孔偏转聚焦在坩埚中心，使膜材蒸发。采用这种电子枪既可加热蒸发高熔点金属，又能激活金属蒸气粒子。选择不同的反应气体，可得到不同的化合物薄膜。

ARE 镀膜的特点是：①基片加热温度低。由于电离增加了反应物的活性，即使在较低的温度下也能获得性能良好的碳化物、氢化物等膜层。若采用 CVD 法需加热到 1000℃左右。②基材选择广泛。可在任何基材上沉积薄膜，如金属、玻璃、陶瓷、塑料等，可制备多种化合物膜。③沉积速率高，可达每分钟几个微米，比溅射高一个数量级。④可通过调整或改变蒸发速度及反应气体压力，制备不同化学配比和不同性质的化合物薄膜。

由于 ARE 应用广泛，近几年又在此基础上发展出许多新类型，如：偏压活性反应离子镀（BARE）、增强活性反应离子镀（EARE）等。

2 化学气相沉积

化学气相沉积是一种化学气相生长法。简称 CVD（Chemical Vapor Deposition）技术。它是将含有组成薄膜元素的一种或几种化合物气化后输送到基片，借助加热、等离子体、紫外线或激光等作用，在基片表面进行化学反应（热分解或化学合成）生成所需薄膜的一种方法。由于 CVD 是一种化学反应方法，可用来制备多种薄膜，如各种单晶、多晶、非晶，单相或多相薄膜。CVD 的用途很广，如用于微电子方面的 Si_3N_4，SiO_2，AlN，GaAs，InP 等薄膜，用于结构材料方面的许多硬质膜，如 Al_2O_3，TiN，TiC，Ti(CN)，金刚石膜等，还有光学材料（光学纤维）、医用材料等，以及反应堆材料，宇航材料，防腐抗蚀、耐热耐磨膜层。

2.1 化学气相沉积的特点和分类

2.1.1 化学气相沉积的特点

（1）反应温度显著低于薄膜组成物质的熔点。如：TiN 熔点 2950℃，TiC 熔点 3150℃，但 CVD-TiN 反应温度为 1000℃，CVD-TiC 反应温度为 900℃。

（2）由于 CVD 是利用多种气体反应来生成薄膜，所以薄膜成分容易调控，可制备薄膜范围广：可沉积金属薄膜，非金属膜，合金膜，多组分膜或多层膜多相薄膜。

（3）因为反应是在气相中进行，CVD 具有良好饶镀性（阶梯覆盖性），对于复杂表面和工件的深孔都有较好的涂镀效果。CVD 具有装炉量大，这是某些技术，如流相外延（LPE）和分子束外延（MBE）无法比拟的。

（4）膜纯度高、致密性好、残余应力小、附着力好，这对于表面钝化，增强表面抗蚀、耐磨等很重要。

(5) CVD 沉积速率高，沉积速率高可达几个微米/小时至数百微米/小时。膜层均匀，膜针孔率低，纯度高，晶体缺陷少。

(6) 辐射损伤低，可用于制造 MOS 半导体器件。

但 CVD 也有缺点和不足，如反应温度高，有些反应在 1000℃以上，限制了许多基体材料的应用。如不能用于塑料基体，高速钢 (HSS) 基体会退火，需重新进行热处理。

2.1.2 化学气相沉积技术的分类

CVD 技术可按沉积温度、反应压力、反应器壁温度、反应的激活方式和反应物种类进行分类。按气流方式分，有流通式和封闭式。按沉积温度分，有低温 CVD（200～500℃）、中温 CVD（500～1000℃）、高温 CVD（1000～1300℃）三大类。按反应压力分，有低压 CVD（反应压力 $P<1atm$[❶]）和常压 CVD。按反应器壁温度分，有冷壁式 CVD 和热壁式 CVD。按激活方式分，有热 CVD、等离子 CVD、激光 CVD、紫外线 CVD 等。按源物质分，有一般 CVD（无机物）和 MOCVD（金属有机化合物）。

2.2 CVD 反应类型

(1) 热分解反应

$$SiH_4(g) \longrightarrow Si(s) + 2H_2(g) \quad (650℃) \quad (2\text{-}1)$$

$$2Al(OC_3H_7)_3(g) \longrightarrow Al_2O_3(s) + 6C_3H_6(g) + 3H_2O(g)(420℃)$$

$$(2\text{-}2)$$

(2) 还原或置换反应

$$WF_6(g) + 3H_2(g) \longrightarrow W(s) + 6HF(g) \quad (300℃) \quad (2\text{-}3)$$

(3) 氧化反应

$$SiH_4(g) + O_2(g) \longrightarrow SiO_2(s) + 2H_2(g) \quad (450℃) \quad (2\text{-}4)$$

(4) 化合反应

---

❶ 1atm=101325Pa，下同。

$$SiCl_4(g) + CH_4(g) \longrightarrow SiC(s) + 4HCl(g)(1400℃) \quad (2-5)$$

$$TiCl_4(s) + 1/2N_2(g) + 2H_2(g) \longrightarrow$$
$$TiN(s) + 4HCl(g)(1000 \sim 1200℃) \quad (2-6)$$

（5）歧化反应

$$2GeI_2(g) \longrightarrow Ge(s) + GeI_4(g) \quad (300 \sim 600℃) \quad (2-7)$$

（6）化学输运反应

$$Ge(s) + I_2(g) \underset{T_2}{\overset{T_1}{\rightleftharpoons}} GeI_2$$

$$ZnS(s) + I_2(g) \underset{T_2}{\overset{T_1}{\rightleftharpoons}} ZnI_2 + S \quad (2-8)$$

在源区（温度为 T_1）发生输运反应（向右进行），源物质 Ge，ZnS 与 I_2 作用生成气态的 GeI_2 和 ZnI_2，气态生成物被输运到沉积区（T_2）则发生沉积反应（向左进行），Ge 和 ZnS 重新沉积出来。

若传输剂 xB 是气体化合物，而需要沉积的是固态物质 A，则传输反应通式为

$$A + xB \underset{(2)}{\overset{(1)}{\rightleftharpoons}} AB_x \quad (2-9)$$

反应平衡常数为 $\qquad K_p = \dfrac{P_{AB_x}}{(P_B)^x} \qquad (2-10)$

式中，P_{AB_x}，P_B 分别为 AB_x 和 B 气体分压。

在源区（T_1）希望按反应向右方向进行，尽可能多形成 AB_x，向沉积区输运；在沉积区（T_2），则希望尽可能地多沉积 A，使 P_{AB_x} 尽量低。为使可逆反应能随温度改变方向，则需要 $\Delta T = T_1 - T_2$ 不太大，$K_p \approx 1$ 为好，$\lg K_p > 0$，温度为 T_1 源区；$\lg K_p < 0$，温度为 T_2 沉积区。

由于化学反应的途径是多种的，所以制备同一种薄膜材料可能会有几种不同的 CVD 反应。但根据以上介绍的反应类型，其共同特点如下。

（1）CVD 反应式总可以写成 aA(g) + bB(g) $\longrightarrow c$C(s) + dD(g)，即有一反应物质必须是气相，生成物必须是固相，副产品必

须是气相。

(2) CVD 反应往往是可逆的，因而对 CVD 过程进行热力学分析是很有意义的。

以上我们讨论了 CVD 的特点、分类和反应类型，但是要设计一个 CVD 反应体系必须使其满足如下条件，即：①在沉积温度下，反应物必须有足够的蒸气压，能以适当速度进入反应室。②反应主产物应是固体薄膜，副产物应是易挥发性气态物质。③沉积的固体薄膜必须有足够低的蒸气压，基体材料在沉积温度下蒸气压也必须足够低。

总之，CVD 的反应条件是气相，生成物之一必须是固相。

2.3　CVD 过程的热力学

CVD 反应涉及热力学与动力学的复杂过程。热力学是预测化学反应或过程（反应条件、方向、限度）的可能性理论。但是，热力学理论也有其局限性。它只能判断化学反应或过程的可能性。动力学是研究化学反应进行的速度和机理问题。

2.3.1　化学反应的自由能变化

一个化学反应总可以表达为

$$aA+bB \Longrightarrow cC \tag{2-11}$$

其自由能变化为
$$\Delta G = cG_C - aG_A - bG_B \tag{2-12}$$

式中，a、b、c 分别为反应物与产物的物质的量；G_i 为每摩尔 i 物质的自由能。由于每种反应物质自由能均可表示为

$$G_i = G_i^{\ominus} + RT\ln a_i \tag{2-13}$$

式中，$G_i^{\ominus}$ 为相应物质在标准状态下的自由能。一般是指 1atm 和温度 T 时纯物质的自由能。a_i 为物质的活度，它相当于有效浓度。由上述二式可得

$$\Delta G = \Delta G^{\ominus} + RT\ln\frac{a_C^c}{a_A^a + a_B^b} \tag{2-14}$$

式中，
$$\Delta G^{\ominus} = cG_C^{\ominus} - aG_A^{\ominus} - bG_B^{\ominus} \tag{2-15}$$

反应达平衡时 $\Delta G=0$，因而，

$$\Delta G^{\ominus}=-RT\ln K \tag{2-16}$$

或

$$K=e^{-\frac{\Delta G^{\ominus}}{RT}} \tag{2-17}$$

式中，K 为反应平衡常数，等于反应达到平衡时各物质活度的函数 $\dfrac{a_{C_0}^c}{a_{A_0}^a b_{B_0}^b}$，其中活度下标"0"表示反应平衡时的活度值。则可得

$$\Delta G=RT\ln\frac{r_C^c}{r_A^a r_B^b} \tag{2-18}$$

式中，$r_i=a_i/a_{i_0}$，i 为物质实际活度与平衡活度之比，它代表该物质实际的过饱和度。当反应物过饱和，产物欠饱和时，$\Delta G<0$，即反应沿正向自引发进行。许多情况下，实际活度 a 与标准活度 a_0 相差不大，此时 $\Delta G=\Delta G^{\ominus}$，即反应可用 ΔG 判断反应进行方向。

根据已收录的各种物质标准状态的标准热力学数据，可以计算出任意化学反应的 $\Delta G^{\ominus}$。如可对下列化学反应进行计算

$$4/3Al+O_2\longrightarrow 2/3Al_2O_3 \tag{2-19}$$

因为 Al_2O_3，Al 都是纯物质，其活度等于 1。同时 O_2 活度为其分压 P_0，令 P_0 为平衡分压，则

$$\Delta G^{\ominus}=-RT\ln P_0 \tag{2-20}$$

由 1000℃时 Al_2O_3 的 $\Delta G^{\ominus}=-846kJ/mol$，氧平衡分压为 $P_0=2\times10^{-30}Pa$。由于实验尚不可获得如此高真空，因而可认为 Al 在 1000℃温度蒸发时将具有明显的氧化倾向。

通过热力学计算，可以判断化学反应的可能性，分析化学反应条件、方向和限度。但是，热力学分析存在一定的局限性，它不能预测反应速率，如有些化学反应从热力学上分析是可进行的，但化学反应速率很慢，因而实际上是不可进行的。另外，热

力学的基础是化学平衡，但实际过程中往往是偏离平条件的。所以在用热力学分析化学反应问题的同时，往往还需要化学反应动力学的分析。

2.3.2　CVD 中的化学平衡的计算

热力学计算可以预测反应的可行性，还可以提供化学反应的平衡点位置以及各种条件对平衡点的影响等信息。但需要在温度、压力、初始化学组成确定的条件下，求解反应平衡时各组分的分压或浓度。由于实际系统是多元的，因此热力学计算是很复杂的。如在化学反应

$$SiCl_4(g) + 2H_2(g) \longrightarrow Si(s) + 4HCl(g) \qquad (2\text{-}21)$$

的 Si-Cl-H 三元系统中，至少要考虑 8 种气体种类，它们是 $SiCl_4$，$SiCl_3H$，$SiCl_2H_2$，$SiClH_3$，SiH_4，$SiCl_2$，HCl 和 H_2。它们之间由六个化学反应方程式联系在一起，即

$$SiCl_4 + 2H_2 \longrightarrow Si + 4HCl \qquad (2\text{-}22)$$

$$SiCl_3H + H_2 \longrightarrow Si + 3HCl \qquad (2\text{-}23)$$

$$SiCl_2H_2 \longrightarrow Si + 2HCl \qquad (2\text{-}24)$$

$$SiClH_3 \longrightarrow Si + HCl + H_2 \qquad (2\text{-}25)$$

$$SiCl_2 + H_2 \longrightarrow Si + 2HCl \qquad (2\text{-}26)$$

$$SiH_4 \longrightarrow Si + 2H_2 \qquad (2\text{-}27)$$

各反应平衡常数为 K_1，K_2，K_3，K_4，K_5，K_6，固态 Si 活度系数为 1，还差两个条件，气体总压力 $P = 0.1\text{MPa}$，系统初始 Cl/H 原子比，即

$$P(SiCl_4) + P(SiCl_3H) + P(SiCl_2H_2) + P(SiClH_3) +$$

$$P(SiH_4) + P(SiCl_2) + P(HCl) + P(H_2) = 0.1\text{MPa} \qquad (2\text{-}28)$$

$$\frac{Cl}{H} = \frac{4P(SiCl_4) + 3P(SiCl_3H) + 2P(SiCl_2H_2) + P(SiClH_3) + 2P(SiCl_2) + P(HCl)}{P(SiCl_3H) + 2P(SiCl_2H_2) + 3P(SiClH_3) + 4P(SiH_4) + P(HCl) + 2P(H_2)} = 常数$$

$$(2\text{-}29)$$

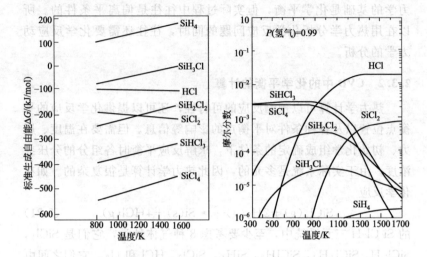

图 2-1　Si-Cl-H 化合物标准生成能随　图 2-2　在 $P=0.1MPa$，Cl/H$=0.01$ 时，
温度变化曲线　　　　　　　　Si-Cl-H 系统的平衡组成曲线

　　根据八个方程，原则上可求解出各气体的平衡压力。具体计算需确定温度 T，并利用图 2-1 给出的 ΔG 数据求 $K_1 \sim K_6$。然后利用平衡常数 K 和式(2-28)、式(2-29)可求出各种气体的平衡压力。对于 Cl/H$=0.01$ 时，Si-Cl-H 系中各气体分压的变化的计算结果如图 2-2 所示。其中，H_2 的分压最高。

2.4　CVD 中的气体输运

　　在 CVD 过程中，气体运输是一个非常重要的环节，因为它直接影响着气相内、气相与固相之间的化学反应进程，影响着 CVD 过程中的沉积速率、沉积膜层的均匀性及反应物的利用率等。一般 CVD 过程是在相对高的气压中进行，我们只讨论有关黏滞流状态下的气体流动问题。

2.4.1　流动气体边界层及影响因素

　　气体流动情况如图 2-3 所示。气体在进入管道后，气体流速分

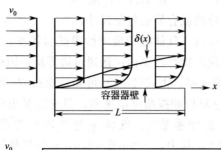

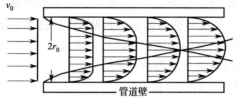

图 2-3 管道内呈层流状态流动的气体的流速分布和边界层

布将由一常量 v_0 逐渐变化为具有一定分布：①靠近管壁处，气体分子被管壁造成黏滞作用拖拽，趋于静止不动；②越靠近管道中心处，气体流速越大。

若在管路不很长的情况下，气体流动将受到管壁拖拽作用的影响，其边界层厚度 $\delta(x)$ 随气流进入管道的距离增加而增加。其表达式如下

$$\delta(x) = \frac{5x}{\sqrt{Re(x)}} \qquad (2\text{-}30)$$

式中，x 为沿管道长度方向的空间坐标；$Re(x)$ 为雷诺数。其定义为

$$Re(x) = v_0 \frac{\rho x}{\eta} \qquad (2\text{-}31)$$

式中，v_0，ρ，η 分别为气体初始流速、密度和黏滞系数。在整个管道长度 L 方向上的 δ 平均值为

$$\bar{\delta} = \frac{1}{L} \int_0^L \delta(x)\mathrm{d}x = \frac{70L}{3\sqrt{Re(L)}} \qquad (2\text{-}32)$$

这时的雷诺数为： $$Re(L)=v_0\rho L/\eta \tag{2-33}$$

式中，L 为管路或容器的特征尺寸。

由于在边界层内，气体处于流动性很低的状态，而 CVD 过程中的反应物和反应产物都需要由扩散通过边界层，因而边界层会影响 CVD 膜的沉积速率。由式(2-32) 可知，提高 Re 可降低边界层厚度 δ，促进化学反应和提高沉积速率。但这需要相应提高气体流速和压力，降低黏滞系数 η。气体 η 与气体种类有关，在 $T<1000℃$时，$\eta\propto T^n$，其中，$n=0.6\sim1.0$，η 与气体压力 P 无关。但若 Re 过高，气流将变为湍流，破坏 CVD 过程中的稳定性，会造成沉积膜的缺陷和影响沉积膜的均匀性。

雷诺数与气体流动状态的关系为

$Re>2000$　　湍流状态

$2200>Re>1200$　　湍流态或层流态

$Re<1200$　　层流状态

它相当于流动气体的动量与容器壁形成的拖拽力之比。流动速度慢，气体密度低，真空容器或层管道尺寸越小，黏滞系数越大，则越利于层流形成。对于一般 CVD，希望气流状态为层流。在一般反应器尺寸内，当气体流速不高，如 10cm/s 时，气体的流动状态处于层流状态。

2.4.2 扩散和对流

气体的输运方式有两种，即扩散和对流。下面就 CVD 过程中气体的扩散和对流对膜沉积的影响进行 下讨论。气体的扩散现象也可以用菲克定律来描述。理论推导认为，气相中组元的扩散系数应与气体温度和压力有关，扩散通量表达式为

$$J=-D\frac{\mathrm{d}C}{\mathrm{d}x} \tag{2-34}$$

式中，D 为扩散系数；C 为浓度。其中扩散系数 D 可写成

$$D=D_0\frac{P_0}{P}\left(\frac{T}{T_0}\right)^n \tag{2-35}$$

式中，D_0 为参数温度 T_0，参数压力 P_0 时的扩散系数（由实

验确定 $n \approx 1.8$)。由理想气体状态方程 $C_i = P_i/(RT)$,其中 C_i 为气体体积浓度,则式(2-34)可写为

$$J_i = -\frac{D_i}{RT} \times \frac{dP_i}{dx} \qquad (2\text{-}36)$$

式中,x 为空间坐标;P_i 为对应气体分压。对于厚度为 δ 的边界层,扩散通量为

$$J_i = -\frac{D_i}{RT\delta}(P_i - P_s) \qquad (2\text{-}37)$$

式中,P_s 为衬底表面处相应的分压;P_i 为边界层外气体分压。

由上述式(2-32)、式(2-35)、式(2-37)可知,降低工作压力 P(但保持反应气体分压 P_i),虽然边界层厚度增大,但同时可提高气体扩散系数,因而可提高气体扩散通量,有利于加快反应速率。低压 CVD 即利用此原理,即降低工作压力,有利于加快气体扩散,并促进化学反应。

对流是在重力、压力等外力推动下的宏观气体流动,对流也会对 CVD 进行的速度产生影响。例如,当 CVD 反应器中存在气体压力差时,系统中气体将会产生流动,气体会从密度高的地方流向密度低的地方。又例如,在歧化反应 CVD 过程中,考虑到气体的对流作用,常将高温区放在反应器下部,低温区放在高温区之上,使气体形成自然对流,有利于反应进行,提高反应过程效率。

2.5　CVD中薄膜生长动力学

在 CVD 法制备薄膜的过程中,自始至终存在着气体与基片表面的相互作用,其具体过程主要有以下几个阶段:①反应气体向基片表面扩散;②气体分子被吸附到基片或薄膜表面;③气体分子、原子在基片或薄膜表面发生化学反应;④反应产物沉积在基片上形成薄膜,反应副产物离开基体表面。

2.5.1　薄膜生长的均匀性

下面我们讨论一下沉积速度和沿着气体流动方向的均匀性问

题。如图 2-4 所示，CVD 过程中在 Si 基片上沉积膜生长情况。假如沉积条件满足：①反应气体在 x 方向上通过 CVD 装置的流速不变；②整个装置处在恒定温度 T 的条件下；③在垂直 x 的 z 方向，装置尺寸足够大，整个系统可以看作二维的。

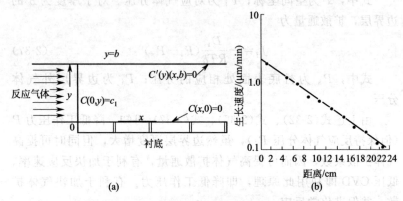

图 2-4 CVD 过程模型和沉积速度随距离的变化

设点 (x, y) 处的扩散通量为

$$J = C(x, y)v - D \nabla C(x, y) \qquad (2\text{-}38)$$

式中，右边第一项为气体的宏观流动引起的传输项；v 为气体流动速度矢量；第二项为扩散项，正比于反应物的浓度梯度。考虑到某体积元的质量平衡之后，体积元内反应物的变化率为：

$$\frac{\partial C}{\partial t} = D \left(\frac{\partial^2 C}{\partial x^2} + \frac{\partial^2 C}{\partial y^2} \right) - v \frac{\partial C}{\partial r} \qquad (2\text{-}39)$$

在稳定态时，C 不随时间变化，边界条件为

$C = 0$（$y = 0$，$x > 0$）　　表示衬底表面反应很彻底没有残余物存在。

$\dfrac{\partial C}{\partial y} = 0$（$y = b$，$x \geqslant 0$）　　表示上边界 $y = b$ 处没有扩散存在。

$C = C_0$（$x = 0$，$y \geqslant 0$）　　表示输入气体初始浓度为 C_0。

在上述边界条件下解方程，解具有级数形式，其第一项为

$$C = \frac{4C_0}{\pi} \sin \frac{y \pi}{2b} e^{-\frac{\pi^2 Dx}{4vb^2}} \qquad (2\text{-}40)$$

其成立的条件为 $vb \gg \pi D$, 即扩散速度与气体流动速度相比较小。此时薄膜沉积速率为

$$R = \frac{M_{Si}J}{M_g\rho} \qquad (2\text{-}41)$$

式中, M_{Si}, M_g 分别是 Si 和反应物质的相对原子质量; ρ 为 Si 的密度; J 为反应物在 y 方向上的通量。因为在衬底上, $C = 0$, 所以只考虑式(2-38)扩散项, 则

$$R = \frac{2C_0 M_{Si}D}{bM_g\rho}e^{-\frac{\pi^2 Dx}{4vb^2}} \qquad (2\text{-}42)$$

由上式可知, Si 的沉积速率将随距离增加呈指数下降, 如图 2-4(b) 所示, 即反应物将随距离增加而逐渐减少。

通过以上分析可知, 在 CVD 过程中要提高沉积膜均匀性, 可采取如下措施: ①提高气流流速 v 和装置的直径 b; ②调整装置内温度分布, 从而影响扩散系数 D 的分布。另外, 还可以通过调整基片的放置角度和提高气体流速等方法, 来实现沉积薄膜的均匀性。

2.5.2 温度与沉积速率

温度是化学气相沉积中最重要的参数之一。下面以图 2-5 中 Si 的沉积模型来讨论 CVD 中沉积温度与沉积速率的关系。

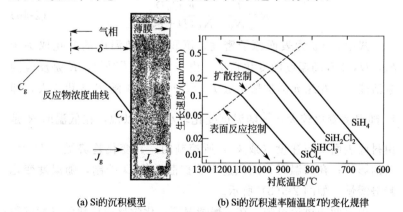

(a) Si 的沉积模型   (b) Si 的沉积速率随温度 T 的变化规律

图 2-5 Si 的沉积模型和 Si 的沉积速率随温度 T 的变化规律

如图 2-5(a) 中，设在生长中的薄膜表面形成了界面层，其厚度为 δ，反应物的原始浓度和其在基片表面的浓度分别为 C_g 和 C_s。可得出基片表面的反应物扩散通量为

$$J_g = \frac{D}{\delta}(C_g - C_s) \tag{2-43}$$

由于在基片表面消耗的反应物相应的通量正比于 C_s，即

$$J_s = k_s C_s \tag{2-44}$$

式中，k_s 是一系数，由于平衡时，$J_g = J_s$，可得

$$C_s = \frac{C_g}{1 + \dfrac{k_s \delta}{D}} \tag{2-45}$$

上式表明：$k_s \gg D/\delta$ 时（即 $\dfrac{k_s \delta}{D} = \dfrac{k_s}{D/\delta} \gg 1$ 时），衬底表面反应物浓度 C_s 为零，反应物扩散过程较慢，在基片上方反应物已贫化，此时称扩散控制沉积过程；与此相反，当 $k_s \ll \dfrac{D}{\delta}$（即 $\dfrac{k_s \delta}{D} = \dfrac{k_s}{\dfrac{D}{\delta}} \ll 1$）时，$C_s = C_g$，此时，反应过程由较慢的表面反应控制，称为表面反应控制沉积过程。反应引起的沉积速率为

$$R = \frac{J_s}{N_0} = \frac{k_s C_g D}{N_0 (D + k_s \delta)} \tag{2-46}$$

式中，N_0 为表面原子密度；沉积速率随温度的变化取决于 k_s，D，δ 等随温度的变化情况。由于 $k_s = e^{-E/(RT)}$，E 是反应的激活能，气相组元的扩散系数 $D \propto T^{1.8}$，而 δ 随 T 变化不大，即 k_s 随温度变化较大，$\dfrac{D}{\delta}$ 随温度变化较小。可以说，在低温时 R 是由衬底表面反应速度（或 k_s）所控制的，其变化趋势受 $e^{-E/(RT)}$ 项的影响；在高温时，沉积速率受扩散系数 D 控制，随温度变化趋势缓慢，如图 2-5(b) 所示。

由上面的讨论可知，在一般情况下，化学反应或化学气相沉积的速率将随着温度的升高而加快。但是，有时化学气相沉积的速率

随着温度的升高，出现先增大又减小的情况。出现这种情况的原因在于化学反应的可逆性。

考虑由下式描述的化学反应

$$a\,\mathrm{A(g)} + b\,\mathrm{B(g)} \longrightarrow c\,\mathrm{C(s)} + d\,\mathrm{D(g)} \tag{2-47}$$

假设这一反应的正向为放热反应，此时反应热焓变化为 $\Delta H^{\ominus} < 0$，即反应产物较反应物的内能低。与此相对应，上式描述的正向和逆向反应速率将如图 2-6(a) 中两条曲线所示，均随温度的上升反应速率提高。同时，正反应的激活能低于逆反应的激活能。由于净反应速率是正反应与逆反应速率之差，而且其随温度上升将会出现最大值。这就是为什么在有些沉积过程中，在温度升高后反应速率反而会下降的原因。而且，如果温度持续升高，将会出现逆向反应速率超过正向反应速率，此时，薄膜沉积的过程将会变成刻蚀的过程。

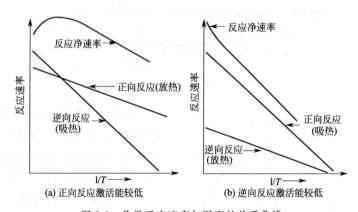

图 2-6　化学反应速率与温度的关系曲线

图 2-6(b) 中描述了另一种可能的情况，即正向反应为吸热反应，激活能较高的情况。这时，净反应速率或沉积速率均随温度上升而单调上升。上述情况对应了描述化学反应平衡常数变化率的范特霍夫（Van't Hoff）方程

$$\frac{\mathrm{dln}K}{\mathrm{d}T} = \frac{\Delta H^{\ominus}}{RT^2} \tag{2-48}$$

式中，K 为反应平衡常数；T 为温度，K；$\Delta H^{\ominus}$ 为反应热焓。

在图 2-6(a) 的情况中，温度过高不利于反应产物沉积，而在图 2-6(b) 中的情况，温度过低不利于反应产物沉积。考虑到上述两种反应类型，在 CVD 装置中，分别设计了所谓的热壁式或冷壁式装置，以减少反应物在反应器壁上的不必要沉积。

2.6　CVD 装置

CVD 反应器是常用的类型，有卧式和立式两种，分别如图 2-7 和图 2-8 所示。系统一般包括：气体净化系统；气体测量控制部分；反应器；尾气处理系统；真空系统等。

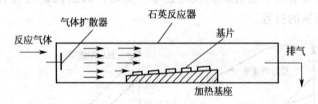

图 2-7　卧式流通式 CVD 装置

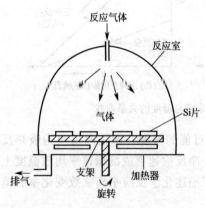

图 2-8　立式流通式 CVD 装置

CVD 反应器的特点是：连续供气、排气，管内保持动态平衡；物料输运靠蒸发或载气输运；反应处于非平衡态（至少一种反应产物可连续排出）；工艺容易控制，重复性好；工件易取放，同一装置可反复使用。流通体系 CVD 反应可以用来制备各种薄膜。

上述 CVD 装置是指流通式反应器，另外还有一种封闭式 CVD 装置，主要应用于制备单晶和提纯。

2.7 低压化学气相沉积

所谓低压化学气相沉积（Low Pressure Chemical Vapor Deposition，LPCVD），就是在 CVD 反应中，压力 $P < 10^5 \, Pa$，而常压 CVD 的压力 $P > 10^5 \, Pa$。

LPCVD 具有利于增加气体传输速率，提高膜的均匀性，改善膜的质量和提高膜的沉积速率的优点。其原因为，根据分子运动论，气体的密度和扩散系数都与气体压力有关。当反应器内压力从常压降到 LPCVD 常用的压力时，即压力降低了 1000 倍，分子的平均自由程将扩大 1000 倍。因而，LPCVD 系统中气体的扩散系数将比常压 CVD 的大 1000 倍。另外，气体压力低，分子运动速率加快，参加反应气体分子在空间各点的吸收能量差别小，故在各点反应速率相近以至成膜均匀。另外，由于系统中气体的扩散加快，气体分子之间动量交换速度快，所以被激活的参加反应的气体分子间易于发生反应，所以沉积速率高。随着 P 的降低，反应温度也下降。如，当反应压力 P 从 $10^5 \, Pa$ 降至数百帕斯卡，反应温度可降至 150℃左右。LPCVD 装置如图 2-9 所示。LPCVD 法可用来制备单晶硅和多晶硅薄膜。Si_3N_4 薄膜，Ⅲ-Ⅴ族化合物薄膜（Ga，Ge，As，In）等，可用于 LSI 制造。另外，可制造陶瓷材料 Al_2O_3，Si_3N_4，SiC，TiN，TiC 等耐磨、耐蚀硬膜。

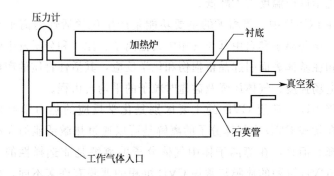

图 2-9 LPCVD 装置示意

2.8 等离子化学气相沉积

等离子化学气相沉积（Plasma Chemical Vapor Deposition，PCVD）也称等离子增强化学气相沉积（Plasma Enhanced Chemical Vapor Deposition，PECVD）或等离子辅助化学气相沉积（Plasma Assisted Chemical Vapor Deposition，PACVD）。它是利用辉光放电产生的等离子体中的电子的动能去激活气相的化学反应。由辉光放电产生的等离子体中有电子、离子、中性原子、分子和中性自由基。大量的能量储存在等离子体的内能之中。

2.8.1 等离子体的性质

等离子体是自然界物质的第四态，即气态、液态、固态和等离子态。在等离子体中，带正电荷的离子和带负电荷的离子数目相等，宏观显电中性。等离子体可分为高温等离子体、热等离子体和低温非平衡等离子体（冷等离子体）。在低温非平衡等离子体中，其电子温度可以高达 $10^4 \sim 10^5 \mathrm{K}$，而中性气体温度为室温至几百摄氏度。由于非平衡等离子体中，电子可以看作是冷的母体中含有的高能粒子，它是最活跃的部分。电子通过弹性碰撞传给气体分子的能量极少，通过非弹性碰撞，把电能转化为气体分子的势能，使其电离、分解或激发，成为高活化物质，克服了化学反应的位垒，从而把化学反应温度大大降低。

在 PCVD 中，等离子的主要功能是产生化学活性的离子和自由基。这些离子和自由基与气相中其他离子、原子和分子发生化学反应和在基体表面引起晶格损伤和化学反应，其活性物质的产额决定于电场强度、气体压强及碰撞时粒子的平均自由程。

PCVD 与常规 CVD 的主要区别是化学反应的热力学原理不同。在常规 CVD 中气体分子的离解是可以通过热激活能的大小进行选择。但是，在等离子体中气体分子的离解是非选择性的。所以，PCVD 沉积的薄膜与常规 CVD 沉积的薄膜有许多不同，如膜成分、结晶取向等。PCVD 产生的相成分可能是非平衡的独特成分，它的形成过程，已超出了平衡热力学和动力学的理论范围。表 2-1 为 PCVD 制备薄膜过程中可能存在的反应。

表 2-1　PCVD 制备薄膜过程中可能存在的反应

反应类型	反　应　式	反应类型	反　应　式
电子-分子反应		电子-正离子反应	
离解	$e+AB \longrightarrow A+B+e$	再结合	$e+A^+ \longrightarrow A$
电解电离	$e+AB \longrightarrow A^+ +B+2e$	离解再结合	$e+A^+B \longrightarrow A+B$
离解附着	$e+AB \longrightarrow A^- +B$		$A^+ +BC \longrightarrow A+B+C$
电子-原子反应		正离子-分子反应	
激发	$e+A \longrightarrow A^-$	表面反应	
电离	$e+A \longrightarrow A^+ +2e$	分解	$AB \longrightarrow A(膜)+B$
附着	$e+A \longrightarrow A^-$	溅射	$A^+ +CB(膜) \longrightarrow A+C(膜)+B(膜)$

2.8.2　PCVD 的特点

（1）PCVD 具有如下优点。

① CVD 沉积温度低。表 2-2 列出了 PCVD 与热 CVD 制备一些薄膜的温度范围。在表 2-2 中所示的沉积温度，采用热 CVD 反应不可能发生，而采用 PCVD 反应就可进行。这是因为在 PCVD 中气体分子的离解、激发不是靠气体温度，而是靠等离子体中的高能电子作用，将反应气体分子激活成活性基团。在辉光放电形成的等离子体中，电子能量为 $1\sim10eV$，完全可以打断气体原子间的化学键，使气体离解和激发，形成高活性的离子和化学基团。这对半导体工艺中掺杂是十分有利的。如硼、磷在温度超过 $800℃$ 时，就

表 2-2　PCVD 与热 CVD 制备部分薄膜的沉降温度范围

沉积薄膜	沉积温度/℃	
	热 CVD	PACVD
硅外延膜	$1000\sim1250$	750
多晶硅	650	$200\sim400$
Si_3N_4	900	300
SiO_2	$800\sim1100$	300
TiC	$900\sim1100$	500
TiN	$900\sim1100$	500
WC	1000	$325\sim525$

会产生显著扩散，使器件变坏。采用 PCVD 可以较容易地在掺杂衬底上沉积各种薄膜。另外，在高速钢上沉积 TiN、TiC 等硬膜，若采用热 CVD，则基体就会退火变软。若采用 PCVD 可以使沉积温度降到 600℃以下，避免基体退火。

②　PCVD 工艺中可对基体进行离子轰击，特别是直流 PCVD，可对基体进行溅射清洗，增加了膜与基体的结合强度。另外，由于离子轰击作用，有利于在膜与基体之间形成过渡层，也提高了膜与基体的结合力。

③　PCVD 可减少因薄膜和基体材料热膨胀系数不匹配所产生的内应力。因为 PCVD 制备的薄膜成分均匀，针孔少，组织较密，内应力较小。

④　PCVD 可提高沉积速率。这是因为 PCVD 的工作压力较低，加速了反应气体在基体表面的扩散作用，从而增强了使反应气体与生成气体产物穿过边界层，在平流层和基体表面之间的质量输运。同时，由于反应物中原子、分子、离子和电子之间的碰撞散射作用，使薄膜厚度均匀。

⑤　PCVD 低温成膜，对基体影响小，可避免高温造成晶粒粗大及膜-基体之间产生的脆相，而且低温沉积有利于非晶和微晶薄膜生长。

⑥　扩大了 CVD 应用范围，可在不同的基体上制备不同的膜，如各种金属膜、非晶无机膜、有机聚合膜等。

（2）但 PCVD 也有如下缺点。

①　在等离子体中电子能量分布较宽。除了电子碰撞外，其余离子的碰撞和放电时产生的射线作用也可产生新的粒子。由此可见，PCVD 的反应未必是选择性的，有可能同时存在几种化学反应，以致反应产物难以控制。另外，PCVD 中的有些反应机理也难以搞清楚。所以采用 PCVD 一般难以得到纯净物质的薄膜。

②　PCVD 沉积温度低，反应过程中的副产物气体和其他气体的解吸不彻底，经常残留在薄膜中。如在 PCVD-TiN 的薄膜中经常含一定量的残余氯，以致影响膜的力学性能和化学性能；在沉积

DLC 薄膜（类金刚石）时，存在大量的氢，对 DLC 的力学、电学和光学性能有很大影响。另外，PCVD 制备氮化物、碳化物、硅化物时，很难保证它们的化学计量比。

③ PCVD 中的离子轰击对某些基体易造成损伤。如对Ⅲ～Ⅴ、Ⅱ～Ⅵ族化合物半导体材料。特别是在离子能量超过 20eV 时，特别不利。

④ 用 PCVD 制备 TiN 和 TiC 硬膜，采用的钛源为 $TiCl_4$，反应副产物中含有大量氯化物，虽经过液氮冷阱的吸附，仍能造成反应室，特别是真空泵的腐蚀。

⑤ 相对常规 CVD，PCVD 设备较复杂，价格相对较高。

就其优缺点相比，PCVD 的优点是主要的。目前，PCVD 正获得越来越广泛的应用。

2.8.3 常用的 PCVD 装置

根据产生等离子的方式不同，PCVD 技术可分为：直流等离子化学气相沉积（DC-PCVD）；脉冲等离子化学气相沉积（PL-PCVD）；射频等离子化学气相沉积（RF-PCVD）；微波等离子化学气相沉积（MW-PCVD）。

2.8.3.1 直流等离子化学气相沉积

直流等离子化学气相沉积（DC-PCVD）是利用直流辉光放电产生的等离子体来激活反应气体，使化学反应进行。图 2-10 是直流等离子化学气相沉积装置的示意图。从图 2-10 中可知，DC-PCVD 主要包括炉体（真空室），直流电源与真空系统，气源与供气系统等。

DC-PCVD 具有化学气相沉积的特点，又有低温等离子体作用。将金属卤化物或金属有机化合物作为金属离子源，这些源物质经加热通过载气被热输送到反应室内，在等离子的作用下，离解成金属离子和非金属离子，可进行渗金属。例如，用 H_2 或 Ar 气体载气，把 $AlCl_3$、BCl_3 或 $SiCl_4$ 蒸气带入反应室内，在直流等离子作用下电离成铝离子、硼离子和硅离子进行渗铝、渗硼、渗硅。若

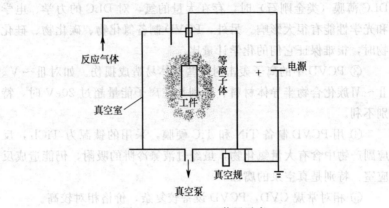

图 2-10 DC-PCVD 装置示意

用 TiCl₄ 经电离产生钛离子，在直流高压电场的作用下，可以进行扩散渗钛，如加入其他反应气体，如 H_2、N_2 和 CH_4 可以在工件上沉积 TiN 和 TiC 薄膜。

若在直流放电的基础上再加上磁场，可进一步提高气体的离化率。如广州有色金属研究院研制的 DHQC-850 型 DC-PCVD 炉，具有几个突出的优点：①等离子场较大、较均匀；②根据工件的外形，有一整套的便于拆卸、组装的布气系统；③在炉体的顶部和下部有了磁场线圈，大大提高了气体的离化率，特别是 TiCl₄ 的离化率，大大减轻了冷阱的负荷，方便了炉体的清理和延长了真空泵的使用寿命；④冷阱的容量大，可收集大部分反应副产物中的腐蚀产物；⑤TiCl₄ 源管路短，并且有方便的加热缠带，不会使 TiCl₄ 在管路中堵塞；⑥装载容量大，一次可装载硬质合金刀片 500 余片。在沉积 TiN 膜层的沉积工艺中，一般采用纯度为 99.9999% 的 H_2、N_2 和化学纯的 TiCl₄ 作为反应气体。沉积温度为 500～700℃，沉积时间 0.5～1h，沉积电压 1100～1700V，反应气压 100～200Pa。

目前，DC-PCVD 技术基本上可实现批量应用生产。它所沉积的超硬膜有 TiN、TiC、Ti(CN) 等膜层。涂层处理的品种除了有高速钢刀片、滚刀、插齿外，还有钻头、端铣刀、铰刀、拉刀等。在机械化工业中，特别是航空工业的机械加工中，使用较多。在发达国家，超硬膜的涂层刀具覆盖率达 50％以上。

　　硬质合金的 TiN 的涂层刀具可以提高刀具的切削速度，加大进刀量，延长其使用寿命。目前，这项工艺已广泛应用，若用 PCVD 法在硬质合金上沉积 TiN 薄膜，可大幅度降低沉积温度，避免因沉积温度过高在硬质合金中易形成脆性相。DC-PCVD 技术在模具的超硬膜沉积上也有很好的用途。

　　DC-PCVD 有许多优点，如设备比较简单，操作容易，制备薄膜种类较多，价格也不是太贵。但是，DC-PCVD 也有不足之处，如它只能沉积导电薄膜。

2.8.3.2　脉冲等离子化学气相沉积

　　脉冲等离子化学气相沉积（PL-PCVD）是在直流等离子化学气相沉积基础上发展起来的。它是利用脉冲的功率可调，峰值电压可调，占空比可调和频率可调等优点，使 PCVD 的工艺参数更便于控制，特别是利用脉冲电流特性可以使工件的一些盲孔、深孔的内表面沉积上薄膜。将脉冲等离子体用于金属材料的表面强化，如在离子渗氮中采用脉冲电源，可以增加工件氮化的效果，特别是对于工件上的深孔和盲孔的处理效果要比一般直流离子氮化好得多。20 世纪 80 年代，德国 Braunschweig 技术大学的 K. T. Rie 教授将脉冲放电引入等离子化学气相沉积。从此引起了世界各国科技工作者的关注，20 世纪 90 年代初，北京铁道学院开始采用脉冲等离子化学气相沉积技术。

　　在国家"863"计划支持下，西安交通大学研制成功了新一代工业型脉冲直流等离子体化学气相沉积设备，如图 2-11 所示。该设备 2001 年 2 月通过验收、鉴定，并安装在深圳国家 863 表面技术研究中心，投入运行。设备容量 $\phi450\text{mm} \times 650\text{mm}$，最大承载质量 500kg。脉冲直流输出电压为 0～1400V 连续可调，脉冲频率为 1～30kHz 连续可调，最大输出功率达 5kW。可以在 500℃左右稳定沉积镀膜。能实现工模具的盲孔、窄缝处理，扩展了适用基材范围。该设备采用热电分离，进行温度和等离子场的独立调控，可有效避免工艺参数选配不当造成的炉内污染。加热功率高达

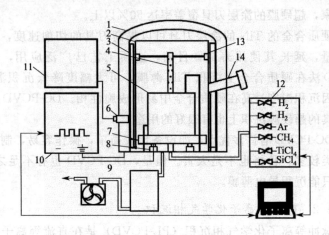

图 2-11　脉冲等离子体化学气相沉积装置示意

1—钟罩式炉体；2—屏蔽罩；3—带状加热器；4—通气管；5—工件；6—过桥引入
电极；7—阴极盘；8—双屏蔽阴极；9—真空系统及冷阱；10—脉冲直流；11—加热
机控制系统；12—气体供给控制系统；13—辅助阳极；14—观察窗

36kW。真空镀膜室最高温度 650℃。其采用了 5 路独立工作气体
和 2 路卤化物蒸发源的配置，可适应涂镀较多膜层。另外，该设备
可实现复合离子渗镀一次完成、梯度功能连续过渡、多层结构交替
组合。

表 2-3　脉冲直流 PCVD 沉积 TiN 工艺条件

脉冲电压 /V	脉冲频率 /kHz	沉降气压 /Pa	气体比例 $(H_2 : N_2 : Ar : TiCl_4)$	沉积温度 /℃	沉积时间 /h
650	17	900	800 : 300 : 60 : 100	550	2

该设备的沉积 TiN 工艺条件如表 2-3 所示。在高速钢
（W18Cr4V）和硬质合金（SC30 钴基合金）切削刀具上涂镀 TiN。
实验证实，在 650V 低电压下，TiN 膜基界面处似乎有一层"扩散
层"，这对 TiN/基体的结合力极为有利。由于在低电压下，在基材
表面附近，有大量的 Ti^+ 和 N^+，在电场作用下，这些离子和溅射
原子的反冲注入会引起表层的非扩散型混合。混合效应有利于"扩
散层"的形成。在 750V 时，膜-基界面分离，表明超过某一脉冲

电压后，因 TiN 主要在气相中形成，然后降落沉积在基材表面上成膜，故不会出现"扩散层"。由图 2-12 显示，两种基材表面沉积的 TiN 膜-基结合力都在 650V 以下呈现出较高的结合力。超过 650V 后，膜-基结合力迅速下降。从图 2-13 不同脉冲电压下的 TiN 膜 X 射线衍射谱中可以看出，在不同脉冲电压下，TiN 膜的晶体结构都为典型的面心立方结构，呈（200）择优取向。随脉冲电压增高，TiN 膜衍射峰锐化，强度明显加强，说明了低电压的膜晶粒确实相当细小。细小的晶粒可减少膜层脆性，有利于膜-基结合力的改善。另外，膜基的界面状态，对结合力的影响更为重要。在高脉冲下，可能与界面处的晶格失配，引起结合力迅速下降。

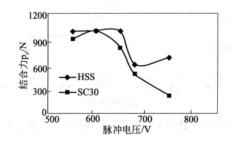

图 2-12　TiN 膜-基结合力与脉冲电压的关系

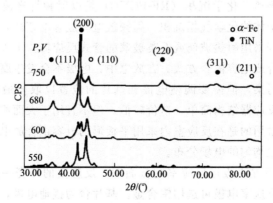

图 2-13　不同脉冲电压下的 TiN 膜的 XRD 谱

　　图 2-14 是脉冲电压幅值对 TiN 膜层中残余应力的影响。可见，随脉冲电压的升高，TiN 膜层中残余应力绝对值下降。但是，脉冲直流 PCVD-TiN 膜层中的残余应力远低于 DC-PCVD-TiN 中的残余应力。一般 DC-PCVD-TiN 膜层的残余应力约 2.6GPa，而脉冲 DC-PCVD 的残余应力小于 1GPa。另外，脉冲频率对沉积 TiN 涂层的结合强度也有影响，实验证明，随着脉冲频率的提高，膜-基结合强度也在升高。

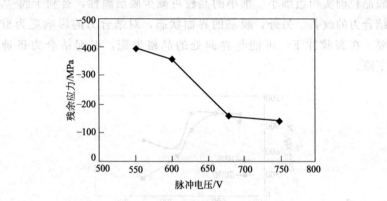

图 2-14　脉冲电压与膜中的残余应力关系曲线

2.8.3.3　射频等离子化学气相沉积

　　射频等离子化学沉积（RF-PCVD）是以射频辉光放电的方法产生等离子体的化学气相沉积。射频放电一般有电感耦合与电容耦合两种。若采用耐热玻璃或石英玻璃的管式反应器，可采用管壁外的电感耦合或电容耦合方式。在放电中，电极不会发生腐蚀，也不会有杂质污染，但需要调整电极和基片的位置以取得最佳放电效果。管式反应器结构简单，造价较低，但不宜用于大面积基片的均匀沉积。常用的是在反应室内采用平板形的电容耦合放电方式，且可获得比较均匀的电场分布。

　　图 2-15 是平板形反应室的截面图，反应室的外壳一般用不锈钢制作，反应室电极可选用铝合金。基片台为接地电极，两极间距离与输入射频功率大小有关，一般仅几厘米，只要大于离子鞘层，

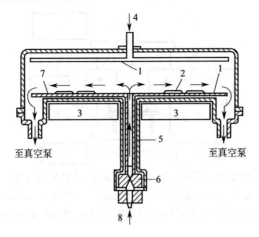

图 2-15　RF-PCVD 反应室示意

1—电极；2—基片；3—加热器；4—RF 输入；5—转轴；
6—磁转动装置；7—旋转基座；8—气体入口

即暗区厚度的五倍。基片台可用红外线加热，下电极可旋转，以便
于改善膜厚的均匀。底盘上开有进气、抽气、测温等孔道。电源通
常采用功率为 50W 至几百瓦，频率为 13.56MHz 或 450kHz。

可根据沉积薄膜要求，选用不同的化学气体和反应气体。如在
沉积 SiN 薄膜时，常选用硅烷和氨或氮气。各种气体分别由各自
的流量计控制。

PCVD 技术的真空度要求不高，一般在低压下工作。可使用一
个机械泵先抽真空至 10^{-1} Pa，然后接着充入反应气体，保持反应
室有 10Pa 左右的气压即可。在气流形式上，因平行圆板形电极间
的电场分布较均匀，又可在较大范围内实现均匀沉积。要实现均匀
沉积，还应有均匀的气流与均匀的温度场来保证。由上电极中央进
气，经分流板面往下送入均匀的气流，再加上下电极基片台旋转，
就可得到膜厚偏差≤±5％的均匀膜层。为提高沉积薄膜的性能，
可在设备上施加直流偏压或外部磁场，即直流偏压式射频等离子
CVD 装置和外加磁场射频等离子体 CVD 装置，如图 2-16 和图
2-17 所示。

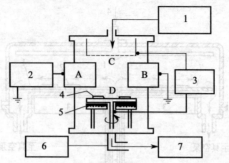

图 2-16　直流偏压式射频等离子 CVD 装置示意

1—通入气体系统；2—4MHz 振荡器；3—直流电源；4—基片；5—加热器；6—压力计；
7—真空泵；A，B—高频振荡电源电极；C，D—直流偏压电源电极（D 与基片台相连）

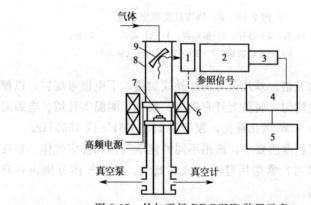

图 2-17　外加磁场 RF-PCVD 装置示意

1—遮光器＋石英玻璃；2—光谱仪；3—光电倍增管；4—锁相放大器；5—记录仪；
6—磁物线圈；7—基片；8—石英管；9—发射镜

　　图 2-18 是 RF-PCVD 沉积速率与射频功率密度的关系。从图
2-18 中可知，沉积速率是随着射频功率的增加而增加。若系统总
气压一定，射频功率越大，气体的活性离子浓度越大。所以图
2-18 中反映的是沉积速率与激活反应粒子浓度的关系。实际应用
中，射频功率不能太大，否则，沉积速率过高，膜质疏松，对基片
射频辐射损伤增大，膜层的刻蚀速率也会增大。RF-PCVD 的功率
一般选择为几十到几百瓦，沉积速率一般为几十纳米/分钟。

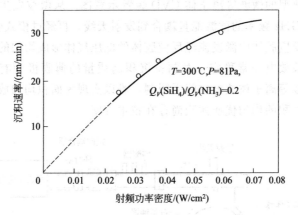

图 2-18 RF-PCVD 沉积速率与射频功率密度的关系曲线

$Q_V(SiH_4)$ 和 $Q_V(NH_3)$ 分别表示 SiH_4 和 NH_3 的体积流量

RF-PCVD 的放电气压较 DC-PCVD 低，气体的离化率也较 DC-PCVD 高，因而在较低的温度下即可沉积薄膜，如 DC-PCVD-TiN 要在 $500 \sim 600\,℃$，而 RF-PCVD 可以在 $300\,℃$ 以下即可沉积。另外，RF-PCVD 既可以沉积导电薄膜，又可以沉积绝缘介质薄膜。因此，RF-PCVD 常用于制备半导体器件的各种薄膜，如 SiN 和 SiO_2 等薄膜。

2.8.3.4 微波等离子化学气相沉积

微波等离子化学气相沉积（MW-PCVD）是利用微波产生辉光放电激活化学反应的方法。微波放电具有放电电压范围宽、无放电电极、能量转换率高、可产生高密度的等离子体等优点。在微波等离子体中，含有高密度的电子和离子，还含有各种活性的自由基团。因此，利用微波等离子体可实现气相沉积、聚合和刻蚀等工艺。目前，微波等离子放电采用的微波频率有 2.45GHz 和 915MHz。

由于微波放电比直流放电的离化率高，所以 MW-PCVD 具有较低的放电气压（$10^{-2}\,Pa$ 放电）和较低的沉积温度。微波等离子体 CVD 装置一般由微波发生器、波导系统、发射天线、模式转换器、真空系统与供气系统、电控系统与反应腔体等组成，图 2-19

是一台典型的微波等离子体 CVD 装置示意图。从微波发生器产生的 2.45GHz 频率的微波能量耦合到发射天线，再经过模式转换器，最后在反应腔体中激发流经反应腔体的低压气体形成均匀的等离子体。微波放电非常稳定，对制备沉积高质量的薄膜极为有利。然而，微波等离子体放电空间受限制，难以实现大面积均匀放电，对沉积大面积的均匀优质薄膜尚存在技术难度。

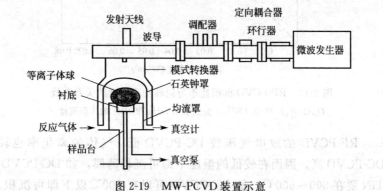

图 2-19　MW-PCVD 装置示意

　　近几年来，在发展大面积的微波等离子体 CVD 装置上，已经取得了较大进展，美国 Astex 公司已生产 80～100kW 的大功率微波等离子体 CVD 装置，工作频率为 915MHz，在直径 200mm 的衬底上沉积金刚石膜，沉积速率近 1g/h，膜均匀度为±15%。

　　另外，在传输微波的波导四周加上磁场，使电子在电场和磁场的共同作用下进行螺旋运动，即形成微波电子同旋共振（Electron Cyclonic Resonance，ECR）CVD 装置。典型的微波电子回旋装置如图 2-20 所示。该装置具有两大优点：一是可大大减轻因高强度离子轰击造成衬底损伤。如在 RF 放电等离子体反应器中，离子能量可达 100eV，很容易使亚微米尺寸的线路器件的衬底造成损伤；二是可比 RF-PCVD 沉积温度更低，可进一步减小对热敏感衬底在沉积过程中的破坏作用。

　　ECR 的能量转换率高，可达 95% 以上，能在 1.33×10^{-3} Pa 气压下放电产生高密度等离子体，而且离化率高，可达 10%～

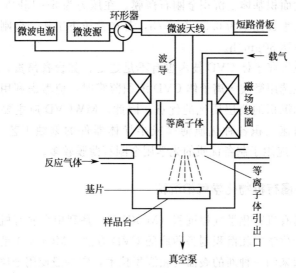

图 2-20 微波电子回旋 CVD 装置示意

50%。利用 ECR 等离子体 CVD 可以在很低的温度下高速沉积各种薄膜。据报道，可以在 300℃沉积 SiO_2 薄膜，在 140℃沉积出多晶金刚石薄膜。

微波等离子体化学气相沉积在薄膜制备方面有广泛的应用，如采用 MW-PCVD 制备金刚石膜。采用微波功率为 1kW，频率为 2.45GHz 的微波，通过矩形的波导管传送入石英放电管中，可通入 CH_4（5%）-H_2、CH_4（5%）-Ar 或 CH_4（1%～10%）-H_2O（0～7%）-H_2 等混合气体。混合氢的流量为 1.5cm^3/s，压力为 13～530Pa，放电功率为 150W，放电管温度 600～800℃，沉积基片为 Si 单晶片，沉积时间为 3h。当通入 CH_4-H_2 时，产生粒状金刚石。通入 CH_4-Ar 时，沉积出膜状金刚石，同时伴随有石墨，在 CH_4-H_2 中加入水蒸气，可明显提高沉积速率，这是因为水蒸气的存在加速了 CH_4 的分解，在等离子体中产生的 OH^- 加速了对石墨的刻蚀，从而把沉积的石墨清除，沉积出优质的金刚石薄膜。

日本的 Matsumoto 对微波等离子体装置进行设计改进后，可实现在大面积基体上沉积金刚石薄膜。在压力为 $5\sim15kPa$ 下，金刚石膜的生长速率为 $0.5\sim3\mu m/h$，若在常压下工作，金刚石膜的生长速率达 $30\mu m/h$。

微波等离子体 CVD 技术也有不足之处，如设备昂贵，工艺成本高。在选用微波等离子体 CVD 沉积薄膜时，应考虑利用其沉积温度低和沉积的膜层质优的优点。因此，MWCVD 应主要应用于低温、高速沉积各种优质薄膜或半导体器件的刻蚀工艺。目前，MWCVD 应用于制备优质的光学用金刚石薄膜较多。

2.9 金属有机物化学气相沉积

金属有机物化学气相沉积（MOCVD）是利用金属有机物的热分解进行化学气相沉积制备薄膜的 CVD 方法。MOCVD 是近十几年发展起来的一种新的表面气相沉积技术，它一般使用金属有机化合物和氢化物作原料气体，进行热解化学气相沉积。MOCVD 能在较低温度下沉积各种无机物材料，如金属氧化物、氢化物、碳化物、氟化物及化合物半导体材料和单晶外延膜、多晶膜和非晶态膜，已成功地应用于制备超晶格结构、超高速器件和量子阱激光器等。

MOCVD 技术在微电子、半导体工业中的应用，促进了 MOCVD 技术自身的发展。从现状来看，MOCVD 最重要的应用是Ⅲ～Ⅴ族，Ⅱ～Ⅵ族半导体化合物材料。如 GaAs、InAs、InP、GaAlAs、ZnS，ZnSe、CdS、CdTe 等气相外延。可以说 MOCVD 技术不仅可改变材料的表面性能，而且可直接构成复杂的表面结构，制造出多种新的功能材料，特别是复杂结构的新功能材料，在微电子的应用中已获得很大的成功。

MOCVD 也用于沉积金属膜层，它比采用某些金属卤化物的沉积温度要低，但 MO 源往往又具有毒性和易燃，这需要加一定的防护措施。近些年来，我国在 MOCVD 技术方面发展较快，国内至今已有 20 余个单位从事 MOCVD 研究与应用工作。目前，主要是研制多层和超晶格量子阱结构的化合物半导体材料。

金属有机物化学气相沉积的原理并不复杂，以Ⅲ～Ⅴ族化合物半导体沉积的 GaAs 薄膜为例，通常用金属有机化合物和氢化物 TMGa(三甲基镓)，TMAl(三甲基铝)、TMIn(三甲基铟)、TMAs(三甲基砷)、AsH_3(砷烷)、PH_3(磷烷)，其典型的化学反应原理是：

$$(CH_3)_3Ga(g) + AsH_3(g) \longrightarrow GaAs(s) + 3CH_4(g) \quad 600\sim800℃ \tag{2-49}$$

其化学反应虽不复杂，但其反应机理却比较复杂。一般认为 $(CH_3)_3Ga$ 与 AsH_3 可能先生成一种不稳定的金属有机（MO）前置体 $(CH_3)_3GaAsH_3$，再生成聚合物，然后再逐步放出 CH_4。

而Ⅱ～Ⅵ族化合物半导体则用ⅡB和ⅥA族元素有机化合物和氢化物热分解反应沉积制备。通常用的原料气体是 $(CH_3)_2Cd$(DMCd，二甲基镉)、$(CH_3)_2Te$(DMTe，二甲基碲)，$(CH_3)_2Zn$(DMZn，二甲基锌) 和 H_2S、H_2Se 等，其典型的化学反应原理是：

$$DMCd + DMTe \longrightarrow CdTe + 2C_2H_6 \tag{2-50}$$

应当注意的是，大多数金属有机化合物易燃，与 H_2O 接触易爆炸；部分金属有机化合物和氢化物有剧毒。因此使用这些化合物和工艺操作上，应严格依据有关的防护、安全规定进行操作。

金属有机化合物化学气相沉积设备一般由反应室、反应气体供给系统、尾气处理系统和电气控制系统四个部分组成，如图 2-21 所示。基于 MOCVD 工艺中所选的原料气均为剧毒和易燃，因此对气体的尾气排放前必须处理。MOCVD 设备价格较贵，而且所用的金属有机化合物也很昂贵。所以，只有制备高质量的外延膜层时，才用 MOCVD 的方法。金属有机化学气相沉积主要工艺如下。

(1) 常压 MOCVD(APMOCVD)：操作方便，价格成本相对较低，一般常被用来沉积各种薄膜。

(2) 低压 MOCVD(LPMOCVD)：主要在考虑亚微米级涂镀层和多层的结构上采用，特别是多层结构，已成功地生长出多层和超晶格结构，制备的新功能材料使材料的性能与器件的性能都得到了提高。

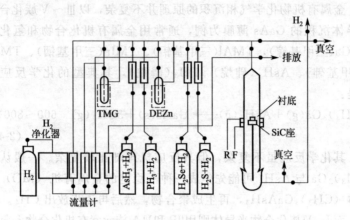

图 2-21 MOCVD 装置示意

TMG—Ga 源；AsH₃ 和 PH₃—As 源和 P 源；H₂Se、H₂S

和 DEZn—Se、S 和 Zn 的掺杂源；H₂—载流气体；RF—射频

（3）原子层外延（ALE）：是生长单原子级薄膜与制备新型电子和光电子器件的先进技术。它首先用在高质量的发光显示膜上沉积非晶和多晶Ⅱ～Ⅵ族化合物与绝缘氧化物薄膜。

（4）激光 MOCVD（LMOCVD）：用激光，一方面可增强 MOCVD 的工艺过程，另一方面又可局部进行。可用激光的特点，使用低温生长从而减少沾污。

MOCVD 主要广泛应用于微波和光电子器件、先进的激光器（如双异质结构），量子阱激光器、双极场效应晶体管、红外探测器和太阳能电池等。

另外，在制备硬膜方面，如 TiN，TiC 等也可以采用 MOCVD 技术，特别是加入等离子体后可进一步降低 MOCVD 的反应温度。如德国的 Stock 和 K. T. Rie，武汉科技大学和青岛科技大学都进行过等离子体 MOCVD（MOPCVD）沉积硬膜的研究工作。用此项技术沉积过 T(CN) 或 T(CNO) 薄膜，可以避免由 TiCl₄ 带来污染问题。制备 T(CNO) 的反应原理如下：

$$Ti(OC_3H_7)_4 + H_2 + N_2 \xrightarrow[400℃]{Plasma} T(CNO) \qquad (2\text{-}51)$$

这项研究已取得了较好的结果，经 MOPCVD 处理的工件使用寿命都有所提高。但 MOPCVD 沉积硬膜也有不足之处。由于反应温度低，一些 MO 在气相中反应成核沉积基体表面形成杂质，破坏了膜的完整性，另外，由于反应温度低，膜中残存一些有机物。碎片也影响膜的硬度。

2.10　激光化学气相沉积

激光化学气相沉积（LCVD）是利用激光诱导来促进化学气相沉积。激光化学气相沉积技术是在 1972 年由 Nelson 和 Richardson 用 CO_2 激光聚焦束沉积出碳膜开始并发展起来的。激光化学气相沉积的过程是激光光子与反应主体或衬底材料表面分子相互作用的过程。激光化学气相沉积可分为激光热解沉积和激光光解沉积两种。激光热解沉积是用波长长的激光进行，如 CO_2 激光，YAG 激光，Ar^+ 激光等。而激光光解沉积是用短波长激光，且要求光子能量高，如紫外、超紫外激光，准分子 XeCl、ArF 等激光。

激光化学气相沉积装置主要由激光器、导光聚焦系统、真空系统、送气系统和沉积反应室等部分组成。其沉积设备结构示意和导光设备示意见图 2-22 及图 2-23。激光器一般用 CO_2 或准分子激光器。沉积反应室的真空度低于 10^{-4} Pa。根据实验需要可配置不同的气源系统。

在激光热解沉积中，要求反应物质对激光应是透明、无吸收，基体是吸收体来选择激光波长。激光光解沉积，要求气相有高的吸收截面，基体对激光束的透明无要求，化学反应是通过光子激发，无需加热，可在室温下进行沉积。但沉积速率太慢，限制了它的应用。

与一般的 CVD 工艺相比，LCVD 工艺除了具备 CVD 的特点，如气体便于调控，可制备多相复合膜、多层膜、高纯膜外，还有其独特的特点，如可局部加热选区沉积，也可获得快速非平衡结构的膜层，且沉积速率快，可低温沉积（基体温度 200℃）。另外，过剩无法形成了致密的结果。用 MOPCVD 法则可以作得非常致密的薄膜。用 MOPCVD 法则可以得到非常致密。由于它反应温度低，一些 MO 有一种中度很低有技术水而能低些说。采用了优化使得该工艺中下由机底反应处理工程上质量内防止在由一些氧化物。采用光技术高度更重要。

2.10　激光化学气相沉积

激光化学气相沉积（LCVD）是利用激光的光能来强化化学气相反应的。激光化学气相沉积技术是在 1972 年由 Nelson 和 Richardson 用 CO_2 激光实现淀积原胶膜时开始出现的[1]。激光化学气相沉积中将激光应用于热分解反应来加速沉积下把工艺的过程。激光应用于化学气相分解光化学反应可提供光热激光与新工程。激光化学气相沉积中使用的激光器主要有 CO_2 激光、YAG 激光、Ar 激光、准分子激光等。采用激光化学气相沉积时并由激光对本身直接吸收可用 CO_2 激光实现。

激光化学气相沉积的结构原理以及导光设备，分别如图 2-22 和图 2-23 所示。

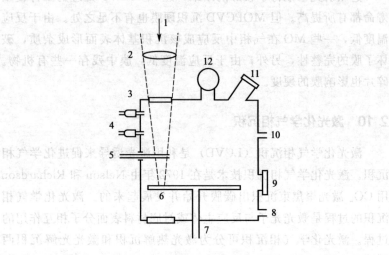

图 2-22　激光 CVD 结构示意

1—激光；2—透镜；3—窗口；4—反应气体入管；5—水平工作台；
6—试样；7—垂直工作台；8,12—真空泵；9—测温加热电控；
10—复合真空计；11—观察窗

由于光的焦点加热很窄，受热只是集中在焦点上部的部位，无须加基体整体及整体化，这只对化在于一点的焦点上，受到大的作用范围的外部面，基体对材料膜能生长密度，这是化很不同的面下（生产反应通过光了光区来控制淀膜积，可以在工序中进行淀膜，因此形成更杂工形，也就而了影响了沉积。

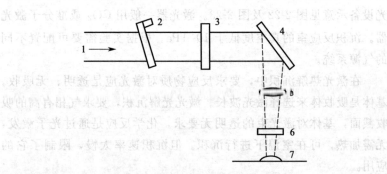

图 2-23　激光 CVD 导光设备示意

1—激光；2—光刀马达；3—折光器；4—全反镜；
5—透镜；6—窗口；7—试样

与一般的 CVD 技术相比较，激光强化的激光 CVD 的特点在于作用在于激光聚焦于局部作所在于局部的温度，无论而的淀积材料面积，而可由局部更温度到整和表而非常窄的稳温度，且可控温度可均匀淀积。并形形而更大，也 CO_2 激光，因为激光化学气相沉积（在生成温度 200℃）、另外

LCVD 还可方便地在工艺上实现表面改性的复合处理。

激光化学气相沉积是近几年来迅速发展的先进表面沉积技术，其应用前景广阔。在太阳能电池，超大规模集成电路，特殊功能膜及光学膜，硬膜及超硬膜等方面都会有重要的应用。

2.11 分子束外延

分子束外延（Molecular Beam Epitaxy，MBE）是新发展的一种外延法制备薄膜的技术。它是在超高真空条件下，将薄膜各组分元素的分子流直接喷到衬底表面，从而在其上面形成外延层的技术。MBE 的突出特优点是能生长极薄的单晶薄膜，且能够精确控制膜厚、组分和掺杂。MBE 主要用于开发 Ⅲ~Ⅴ 族半导体的外延生长。MBE 把生长的薄膜材料的厚度从微米量级推进到亚微米量级。MBE 与能带裁剪工程相结合，可合成一系列人工异质结、超晶格、量子阱半导体微结构材料，从而推动了半导体低维物理（二维、一维、零维）前沿科学的发展。利用 MBE 已研制成了新一代高电子迁移率的晶体管、异质结双极性晶体管、超高速微波、毫米波器件、量子阱激光器、量子级联激光器、量子阱红外探测器、量子阱光调制器等新型光电器件。MBE 已经成为半导体领域，包括材料、物理和微电子器件变革的高新技术。

MBE 生长是在非平衡条件下完成的，这是与气相外延生长和在近热平衡状态下进行的液相外延生长的根本区别。MBE 法有以下特点。

（1）高真空度操作：MBE 是在超高真空条件下进行的干式工艺，提供了极为清洁的生长环境。适合于生长活泼、易氧化元素的外延材料，且生长产量高。

（2）低温生长：如 MBE 制备 GaAs，温度为 $500 \sim 600 ℃$。衬底温度低，降低了界面上的热膨胀引入的晶格失配效应和衬底杂质对外延层的自掺杂扩散影响。

（3）膜的生长速率可控：MBE 可以从 $0.1 \mu m/h$，到 $1 \sim 2 \mu m/h$，还能生长单原子层材料，有利于实现精确控制。

（4）可在大面积上得到均匀性、重复性、可控制好的外延生长膜。

（5）MBE 是在非平衡态下完成：因此可以生长不受热力学机制控制的外延技术，可实现Ⅱ～Ⅵ族半导体的 p、n 型导电。

（6）可随时监控成长状态：MBE 配置了多种在线原位分析仪器，如配置了反射高能电子衍射仪（RHEED）及其强度振荡仪（IORHEED），四极质谱仪（QMS），组元束流强度测试仪，原子力显微镜（AFM），扫描隧道显微镜（STM）等仪器，可用来监控外延生长前要求衬底表面的清洁度与表面结构，研究生长机制界面的状态和性质，可把得到的晶体生长中的薄膜结晶性和表面状态的数据立即反馈，以控制晶体的生长。MBE 也有不足之处，如膜生长时间长，表面缺陷密度较大，MBE 设备比其他设备昂贵。

MBE 装置由样品进样室、预处理分析室和生长室等组成，室间用闸板阀隔开，以确保生长中的超高真空与清洁。

MBE 外延装置如图 2-24 所示，其按束源炉喷射方式分类有水平式和竖式。随着材料、器件的发展，固态源的 MBE 技术已满足

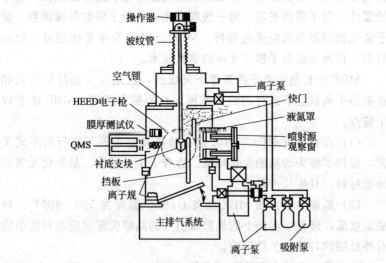

图 2-24　分子束外延系统示意

不了某些特殊需求，因此，在这基础上又派生出了其他的 MBE 技术分支。如用于生长磷化物的气态源分子束外延技术（GSMBE），用 AsH_3、PH_3 作 V 族源，用金属有机化合物作 Ⅲ 族源的化学束外延（CBE）和用于生长氮化镓基材料的等离子体分子束外延技术（PMBE）等等。归结 MBE 系统的分类有：固态源分子束外延（GSMBE）、气态源分子束外延（SSMBE）、化学束外延（CBE）、金属有机物分子束外延（MOMBE）和等离子体分子束外延（PMBE）。

3 硬膜材料

3.1 金刚石薄膜

在自然界，碳以三种同素异型体形成存在，即非晶态的炭黑、六方片状结构的石墨和立方系的金刚石。其中，金刚石有许多优异的特性，如金刚石是所有天然物质中硬度最高的材料，热导率高，全波段透光率高，宽禁带，绝缘性高，抗辐射，化学惰性和耐高温，而其掺杂后又具有半导体性质。由于金刚石具有以上优异的物理和化学性质，一直吸引着广大科技工作者对其研究的浓厚兴趣，并且在机械工业、材料科学、光学、电子工业都有广泛的用途。

但是，在自然界天然金刚石稀少，而且价格昂贵，使其应用受到了限制。人们开始研制开发人造金刚石。金刚石的人工合成开始于 1955 年，美国通用电器公司首先用高压（5000～10000MPa）、高温（1500～2000℃）技术（HPHT）合成了金刚石，并实现了商业化，到 1990 年在工业上应用的金刚石中 90% 以上是由 HPHT 方法制造的。但是，HPHT 合成金刚石需要十几万个大气压和几千摄氏度的高温，工艺设备复杂，而且 HPHT 法合成的金刚石呈单晶颗粒状，多数功能特性无法得到应用，主要应用于切削、切割工具和首饰方面，使金刚石的应用范围受到一定限制。

随着薄膜科学与技术的发展，人们想到通过低压合成金刚石薄膜来利用金刚石的这些优异的性质。前苏联、美国的科学家已先后在低压下用热解 CB_4 或 CH_4 实现了多晶金刚石膜的沉积。但这种方法沉积金刚石的速率非常低，只有 0.1nm/h。20 世纪 60 年代末，人们又采用了化学输运反应法制备金刚石，而且沉积速率可达 1μm/h，引发了各国科技工作者对金刚石研究的兴趣。到了 20 世纪 80 年代初，日本科学家采用化学气相沉积方法制备金刚石膜取得成功，形成全世界范围内的金刚石膜研究热潮。我国许多科研院所和大专院校也进行了有关低压合成金刚石薄膜的研究工作，在国家"863 计划"的支持下，已取得了显著成绩。目前，金刚石膜的应用已扩展到机械、光学、电子学、化学、生物学、环境科学等方面。

低压合成金刚石膜的方法主要有热丝化学气相沉积（HFCVD）、直流弧光等离子化学气相沉积（DC-APCVD）、射频等离子化学气相沉积（RF-PCVD）、微波等离子化学气相沉积（MW-PCVD）等方法。

3.1.1　金刚石的结构和特点

碳的基态电子结构为 C：$1s^2 2s^2 2p^2$，按量子力学中的 Hund 规则，其中两个 $2p^2$ 电子自旋相反，没有成对，即 C：$1s^2 2s^2 2p_x 2p_y$，可以形成两价化合物，如 CO。但是，碳原子通常的价态是四价，其电子结构形式为 C：$1s^2 2s^1 2p_x 2p_y 2p_z$，四个价电子 2s 和 2p，经过杂化可以形成石墨或金刚石。

在石墨晶体中，2s 轨道上的一个电子跑到 2p 轨道上，形成 C：$1s^2 2s^1 2p_x^1 2p_y^1 2p_z^1$ 结构，即 sp^2 杂化。其中，三个 sp^2 电子和其他碳原子分别生成三个 σ 键，相互为 $120°$ 夹角呈平面分布。另外一个未参加杂化的 p_z 电子和其他碳原子中的 p_z 电子生成 π 键电子云处于 σ 键平面上下方，其轨道与平面垂直，形成大 π 键，即亦称 $sp^2 π$ 杂化。所以，石墨是由平面层状结构单元组成的晶体，层间结合很弱且质柔弱，因而石墨是一种很好的固体润滑剂。

金刚石由一种碳原子构成，是典型的原子晶体，属于等轴晶系。在金刚石晶体中，其电子结构为 C：$1s^2 2s^1 2p_x^1 2p_y^1 2p_z^1$，即 sp^3 杂化，四个 sp^3 电子和其他碳原子分别生成四个 σ 键。在金刚石晶体中，所有空间立体分布的 C—C 键组成一个空间网状四面体，如图 3-1 所示，一个碳原子在四面体中心，另外四个同它共价的碳原子在四面体的顶角上。每个碳原子用这种杂化轨道与相邻的四个碳原子共享两个价电子形成的共价键。金刚石结构是一个复式格子，由两个面心立方的布喇菲原胞沿着其空间对角线位移1/4长度套构而成。

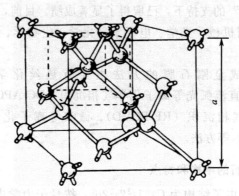

图 3-1　金刚石的晶体结构

一些主要的半导体材料，如 Ge、Si 等，都有四个价电子，它们的晶体结构和金刚石的结构相同。在金刚石中，碳原子的四个 sp³ 杂化轨道的对称轴指向四面体的四个顶角。也即每个碳原子用这种杂化轨道与相邻的四个碳原子形成的共价键是饱和的，方向性很强，分别指向以碳原子为中心的四面体的四个顶角，键间夹角为 109°28′。C—C 原子间以共价键连接，碳原子的配位数为 4，每个碳原子与相邻的 4 个碳原子之间的距离相等，间距为 0.154450nm。

由于这种结构中键的方向性和结合力都很强，使得金刚石晶体是目前所有材料中硬度最高的。由于 C—C 键中的 σ 电子不容易离开所在的位置，也不容易被激发，所以金刚石通常是不导电的，也不容易吸收光子，因此纯净的金刚石晶体为无色透明、光学性能良好的材料。

金刚石的宏观晶体形态有多种，通称所见的晶型是八面体、十二面体及立方体。在低压合成金刚石薄膜的显微形貌中，有多种晶体形态，这与低压合成的工艺参数有关。由于金刚石的特殊结构，使其具有许多优异的性能。

3.1.2 金刚石的性质及应用

3.1.2.1 金刚石的力学性能

金刚石具有极其优越的力学性能。表 3-1 是天然金刚石和人造金刚石薄膜的主要力学性能。从表 3-1 中列出的主要力学性能数据可以看出，金刚石是目前材料中硬度最高的。现在，用低压人工合成的金刚石的硬度已接近天然金刚石的硬度，而且具有低摩擦系数。作为超硬膜材料，金刚石膜是很好的涂层材料，可以涂覆于刀具、模具表面，显著提高其表面强度，增加其使用寿命。金刚石摩擦系数低、散热快，可用于宇航用高速轴承。金刚石的高散热率、低摩擦系数和透光性可以作为导弹的整流罩材料。

表 3-1　金刚石的主要力学性能

力学性能	天然金刚石	CVD金刚石薄膜
硬度/GPa	100	70～100
密度/(g/cm³)	3.515	2.8～3.5
熔点/℃	4000	接近4000
弹性模量/Pa	1.04×10^{12}	
杨氏模量/GPa	1200	1050
泊松比	0.2	
热冲击系数/(W/m)	10^7	
摩擦系数	0.08～0.1	
断裂韧性/MPa·m$^{1/2}$	约3.4	1～3
拉伸强度 σ_b/GPa	约3	0.2～0.4
热膨胀系数/(10^{-6}/K)	1.0(300K)	1.0(300K)
	2.7(500K)	2.7(500K)
	4.4(1000K)	4.4(1000K)

3.1.2.2 金刚石电学性能

金刚石具有优异的电学性能，其主要电学性能如表 3-2 所示。由表3-2可知，金刚石具有较低的介电常数，是理想的微波介质材料。金刚石还具有禁带宽（5.5eV）、载流子迁移率高［2200cm²/(V·s)］、导热性好［20W/(cm·K)］、饱和电子漂移速度高（2×10^7 cm²/s）、介电常数小（5～7）、击穿电压（10^6～10^7 V/cm）高、电子空穴迁移率大等优点，其击穿电压比 Si 和 GaAs 高两个数量级，电子、空穴迁移率比单晶硅、GaAs 还要高得多。金刚石膜可作为宽带隙的半导体材料，用 CVD 法掺硼可制成 p 型金刚石膜，其电阻率可达 $10^{-2}\Omega\cdot cm$，而 n 型掺杂比较困难，电阻率仅改变几个数量级，为 $10^2\Omega\cdot cm$。目前，已研制成功了金刚石膜场效应晶体管和逻辑电路，这些器件可在 600℃ 以下正常工作，成为耐高温半导体器件，有很大的应用前景。因为金刚石的带隙宽，其可用于蓝光发射、紫外线探测、低漏电器件。但是，金刚石膜要应用于半导体电子学，还需要解决两项关键技术，即控制掺杂和单晶异质外延。目前，在这方面的研究工作已取得了一定进展。金刚石还具有耐强辐射能力，作为耐强辐射器件，可在宇宙飞船和原子反应堆等强辐射环境中正常工作。

表 3-2   金刚石薄膜的主要电学性能

电 学 性 能	天然金刚石	CVD 金刚石
禁带宽度/eV	5.54	5.45
电阻率/$\Omega\cdot cm$	10^{16}	$>10^{12}$
击穿电压/(V/cm)	3.5×10^6	
电子迁移率/[$cm^2/(V\cdot s)$]	2200	
空穴迁移率/[$cm^2/(V\cdot s)$]	1600	
饱和电子漂移速度/(cm/s)	2.5×10^7	
相对介电常数	3.2	5.5
产生电子空穴对能量/eV	13	

3.1.2.3   金刚石的热学性能

金刚石具有最高的热导率。表 3-3 是金刚石和几种高导热材料的热学性能比较。现在，人造金刚石膜的热导率已基本上接近天然金刚石的热导率。由于金刚石热导率高，电阻率高，因而可作为集成电路基片的绝缘层以及固体激光器的导热绝缘层。此外，金刚石的热导率高，热容小，尤其是在高温时散热效果显著，是散热极好的热沉材料，现已有金刚石热沉产品出售。随着高热导率金刚石膜的制备技术的发展，已使金刚石热沉在大功率激光器、微波器件和集成电路上的应用成为现实。

表 3-3　金刚石和几种高导热材料的热学性能

材料	热导率/[W/(cm·K)]			热膨胀系数 /(10⁻³/℃)	电阻率 /Ω·cm	相对介 电常数
	理论	单晶	多晶			
金刚石　人造Ⅰb	20	20		2.3	约 10^{16}	5.7
金刚石　天然Ⅱa	20	20		2.3	约 10^{16}	5.7
金刚石　天然Ⅰb		10		2.3	约 10^{16}	5.7
CBN	13		6.0	3.7	$>10^{11}$	7
SiC	4.4	4.9			10^{13}	
BeO	3.7		2.4	8.0	10^{4}	
AlN	3.2	2.0	2.0	4.0	10^{14}	
Ag			4.3	19.1	1.6×10^{-6}	
Au			3.2	14.1	2.3×10^{-6}	
Cu			4.0	17.0	1.7×10^{-6}	
Mo			1.4	5.0	5.7×10^{-6}	

　　但是，人造金刚石膜由于制备工艺的不同而引起了性能的差别。如热输运性质，主要表现为热扩散率和热导率差别很大。另外，人造金刚石膜呈现强烈的各向异性，同样的膜厚，平行于膜的表面的热导率明显小于垂直于膜表面的热导率。这些都是由于成膜过程中参数控制差别所引起的，由此可见，金刚石膜制备工艺有待于进一步完善，以使其优异的性能更好地推广应用。

3.1.2.4　金刚石膜的光学性能

　　金刚石也具有很优异的光学性能，如表 3-4 所示。除了在 3～5μm 位置存在微小吸收峰（由声子振动所引起的）外，从紫外线（225nm）到远红外线（25μm）整个波段金刚石都具有高的透过率，是大功率红外激光器和探测器的理想窗口材料。金刚石在红外线波段的光学透明性，使其成为制作高密度、防腐耐磨红外光学窗口的理想材料，如导弹拦截金刚石膜红外窗。金刚石折射率高，可作为太阳能电池的防反射膜；利用雷达波穿透金刚石膜不易失真的特性，可做雷达罩；飞机和导弹在超音速飞行时，头部锥形的雷达无法承受高温，且难以耐高速雨点和尘埃的撞击，用金刚石来制作雷达罩，不仅散热快，耐磨性好，还可解决雷达罩在高速飞行中承受高温骤变的问题。如美国已制成 ϕ150mm、厚度为 2～3mm 的金刚石导弹头罩。金刚石的高透过率、高热导率、优良的力学性能、发光特性和化学惰性，可作为化学上的最佳应用材料，诸如各种光学透镜、磁盘、光盘的保护膜。金刚石具有独特的发光特性，经暴晒的金刚石在暗室中发出淡蓝色的磷光，在天蓝色紫外线照射下，可发出较强的亮光。

表 3-4　金刚石薄膜的主要的光学性能

光学性能	性能	光学性能	性能
透明性	225nm→远红外	禁带宽度/eV	5.45
光吸收	0.22	热导率/[W/(cm·K)]	20
折射率	0.241(5900nm)		

3.1.2.5　金刚石膜的其他性能

金刚石膜具有高的杨氏模量和弹性模量，便于高频声学波高保真传输，是制作高灵敏度的表面声学波滤波器的新型材料。金刚石具有低密度、高弹性模量以及高的声音传播速度的特点，所以金刚石膜可以用来制作高档音响的高保真扬声器振动膜材料。

金刚石具有良好的化学稳定性，能耐各种温度下的非氧化性酸的作用。金刚石由碳组成，无毒害、无污染，人体对其无排异反应。另外，金刚石具有惰性，与人体血液和其他组织液不起反应，是理想的医学生物体植入材料，可以用来做心脏瓣膜等。

3.1.3　金刚石膜的表征

低压化学气相沉积的金刚石膜一般为多晶金刚石薄膜，通常用扫描电镜（SEM）、拉曼谱（Raman）和 X 射线衍射（XRD）等方法对金刚石薄膜进行分析、表征。通过 SEM 可以观察到金刚石的表面形貌、晶形和形核密度。图 3-2 为低压化学气相沉积法制备的金刚石膜的 SEM 照片，由图 3-2 中可以看出，膜中的晶粒为典型的金刚石晶体。

通过 XRD 可以对金刚石膜的取向进行测定。图 3-3 为低压制备金刚石膜的 XRD 谱图，从图 3-3 中可以看出，有金刚石膜的（111）、（220）、（311）、（400）和（331）晶面特征峰。一般情况

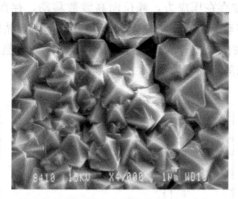

图 3-2   低压化学气相沉积法制备的金刚石膜的 SEM 照片

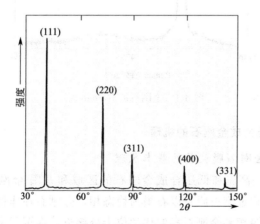

图 3-3   低压制备金刚石膜的 XRD 谱图

下，(111)、(220) 和 (311) 峰比较明显，容易观察到。制备金刚石膜时，沉积工艺参数会对金刚石膜生长取向产生影响。

　　金刚石内在质量的确定一般用 Raman 谱分析确定，其 Raman 特征峰位于 1332cm^{-1} 处，如图 3-4 所示。非金刚石峰一般在 1350～1550cm^{-1} 之间，其位置与膜中非金刚石杂质含量有关。由于非金刚石碳对 Raman 散射具有比金刚石高的灵敏度及金刚石膜中存在内应力，所以在测定金刚石膜的 Raman 特征峰时，往往会偏离

$1332cm^{-1}$，如存在压应力，峰位向高波数移动，存在拉应力，峰位向低波数移动。Raman 特征峰的半高宽与金刚石晶体中的晶界、位错、晶粒缺陷、微孪晶等晶体缺陷有关，一般晶体缺陷会使 Raman 特征峰的半高宽增加。

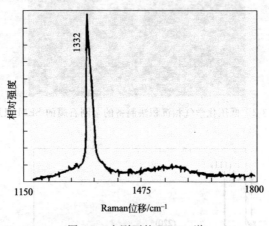

图 3-4　金刚石的 Raman 谱

3.1.4　低压合成金刚石的机理

3.1.4.1　金刚石膜生长的基本原理

图 3-5 是高压和低压合成金刚石的区域和石墨-金刚石平衡曲线。低压沉积金刚石膜是以石墨为稳态相，金刚石在非稳态区域进行。由于石墨相和金刚石相的化学位十分接近，在沉积中两相都能生成。为了促进金刚石相的生长和抑制石墨相的生长，最有效的方法是用原子态的氢去除石墨。

金刚石的气相生长实际上是一个动力学控制的过程。从热力学的角度上讲，化学气相沉积金刚石膜的温度范围为 $800\sim1000℃$，压力$\leqslant1.013\times10^5$Pa，石墨是热力学稳定相，而金刚石是热力学不稳定的。但由于动力学的因素，含碳化合物在等离子体或高温热源作用下形成的活化基团在与衬底接触时将同时生成金刚石和石墨，由于原子态氢刻蚀石墨的速率远远大于金刚石，所以只要有足量原子氢存在，在衬底上将沉积的是非稳定的金刚石，而不是石墨。

目前，所有低压生成金刚石的共同特点如下。

（1）需要一个能够使含碳化合物裂解，形成活化含碳基团和使氢离解成为原子氢的等离子体或高温热源；

（2）衬底须保持适合于金刚石气相生长的温度范围（800～1000℃）。活化源（等离子体或高温热源）的温度（或等离子体密度）越高，金刚石膜沉积速率越高，但衬底温度太高或太低的都不利于金刚石膜的沉积。

近年来的研究发现，原子氧同样具有对石墨碳的选择性刻蚀作用，因此能够在 C-H-O 三元系中实现金刚石膜的沉积。Bachman 等在总结了大量的实验数据后发现，金刚石只能在 C、H、O 三个组分的一个特定的成分范

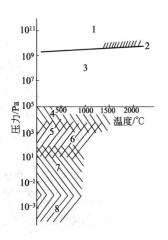

图 3-5 高压和低压合成金刚石的区域和石墨-金刚石平衡曲线

1—金刚石；2—金刚石-石墨平衡曲线；3—石墨；4—热等离子体；5—CVD 法；6—PCVD法；7—PVD 法；8—离子束法

围内沉积，这就是金刚石气相生长相图（图 3-6）。在 C-H-O 相图中的碳与其来源无关，无论是甲烷、乙炔、甲醇、乙醇、丙酮、CO 等，只要 C、H、O 的成分落在金刚石沉积的相区，在合适的条件下都能沉积金刚石。新的研究结果发现，卤素同样也具有对石墨的选择性刻蚀作用，用碳的卤化合物也能沉积高质量的金刚石膜。目前化学气相沉积金刚石膜的纯度已达到用光谱方法检测不出杂质的程度，超过了 IIa 型高质量天然金刚石；热导率可高达 $20W/(cm \cdot K)$ 以上；光学透过特性也与天然 IIa 型金刚石晶体相当。

3.1.4.2　低压气相生长金刚石的驱动力

通常低压下金刚石为亚稳相，石墨为稳定相，但近年来的研究

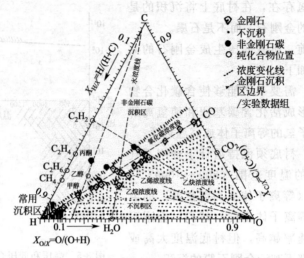

图 3-6　低压化学气相沉积金刚石膜相图

表明，在激活低压下金刚石可以稳定地生长，而石墨并不生长或在金刚石生长的同时，石墨被腐蚀。如何用理论解释这种现象，至今仍有一些学者在争论。复旦大学的王季陶教授提出"化学泵"模型的论述，并首次提出了"驱动力"的概念，用金刚石生长的驱动力大于零，作为判据，将只生长金刚石，不生长石墨或在金刚石生长的同时，石墨却被腐蚀的现象做出了科学的分析。王季陶教授在"稳态和亚稳态"之间，设想有个"化学泵"，把碳原子从能量低的稳态石墨相，输送到能量较高的亚稳态金刚石相，同时，把外界能量加入到碳原子有关的体系中，这个"化学泵"是由"超平衡氢原子及石墨、金刚石两个特殊表面结构所组成"。1994 年后又从"化学势"与超平衡氢原子的角度，提出"非平衡热力学的耦合模型"，研究了诸多超平衡氢原子对碳-氢体系气相生长金刚石的工艺实验。

　　中科院物理所林彰达教授从原子尺度研究金刚石薄膜生长时，提出了"金刚石相不是稳定相"，"在这种条件下，生长金刚石膜不同于一般膜的生长，有其特殊性"。在研究这种金刚石膜的特殊性时，明确提出了"原子氢的作用模型"。通过利用金刚石膜的高分辨电子能量损失谱（HREELS）在氢原子的特殊作用下，膜表面碳原子的悬键键合情况来证明金刚石结构和在这种氢原子作用条件下的稳定性。

从上述超平衡氢原子对石墨的激活作用，促成了石墨由较低的能态被提高到激活石墨较高的能态，氢原子的作用模型及化学气相沉积出金刚石膜的大量事实表明，超平衡氢原子（饱和氢原子）不仅可以促成金刚石相的生长，而且还可以吸附在金刚石表面，从而稳定金刚石相；与此同时，又可优先刻蚀石墨，抑制石墨相的生长。这就是超平衡氢原子在低压气相沉积过程中的特殊作用。

3.1.4.3 金刚石膜生成的基本条件

金刚石的形核和生长受很多因素影响。沉积方法不同，各种因素对金刚石生长的影响方式、影响程度都有所不同。但是，必须满足以下条件才能生成金刚石膜：

（1）气体必须被激化，激化方式可以是高温，也可以为等离子体。

（2）气体中必须含有碳源，如甲烷、乙醇、乙炔等。

（3）反应气氛中必须有刻蚀石墨或抑制石墨生长的元素，如氢原子、OH 基、氟原子、氧原子等。

（4）基体对金刚石没有催化溶解作用或作用很小，因此，Fe，Co，Ni 等基体生长金刚石困难。

（5）必须有驱动力使气体到达基体表面。

以上条件是对生长金刚石膜的基本要求，因沉积方法不同，对上述条件的要求程度会有所不同。同时，为了获得质优的金刚石膜和提高成膜速率，许多沉积方法在满足上述基本条件外，还施加了一些特殊措施，如对基体施加偏压，对基体预处理（研磨、超声处理，红外线、紫外线辐照）等。

3.1.5 低压沉积金刚石的方法与装置

3.1.5.1 概述

金刚石薄膜的制备方法有两大类型。一种是在高温高压条件下进行的，即在热力学稳定区的高温高压条件下进行的，另一种是在低压和温度不太高的条件下进行合成，即在它的热力学亚稳区。目前国内外普遍采用的是在低气压（0.01～0.5atm）和较低温度（700～900℃）下沉积。热力学亚稳条件下生长金刚石要追溯到20世纪50年代，Eversole第一次在金刚石粉体表面从气相中生长出金刚石，这可能要比第一次在高温高压下成功地制备出金刚石要早。然而，在那时这种方法制备的金刚石很不经济，这主要是因为制备出的金刚石的强度很低，而且需要在纯氢气中反复除去成膜过程中沉积的石墨。经过不断的努力，使低压制备金刚石膜中最大的一个突破是沉积过程中通入氢气除去沉积的石墨和非晶碳。尽管这些成就早在20世纪70年代就已取得，但直到80年代才被科技界认可。

多晶金刚石膜可以用多种低压低温的沉积方法获得，主要方法是化学气相沉积法（CVD），并已在多种材料上成功地制备出金刚石膜。现已发展了许多方法，如热丝CVD法（HFCVD）、微波CVD法（MWCVD）、直流放电CVD法（DC-Jet）、电子辅助热丝CVD法（EAHFCVD）等。

在诸多化学气相沉积方法中，热丝CVD和微波等离子CVD被认为是较实用的两种方法。用于产生等离子体的方法很多，例如微波（Microwave，MW）放电法、直流（DC）放电法、射频（Radio Frequency，RF）放电法、等离子体炬（Plasma Torch）法。下面介绍几种常用的低压合成金刚石的方法。

3.1.5.2　热丝化学气相沉积

（1）热丝化学气相沉积金刚石膜的一般原理　热丝化学气相沉积（HFCVD）法生长金刚石膜发展最早，工艺研究最成熟，设备、工艺参数易于控制，生长过程稳定，易于扩大生长面积和批量生长，但是其膜层易受灯丝污染，沉积速率较低。HFCVD简单的实验原理见图3-7。HFCVD的基本原理是，含碳反应气体，如CH_4，在金属热丝的高温环境中被加热、分解形成活性粒子，在原子氢的作用下沉积成金刚石膜。但无论从热灯丝产生氢原子的气相运动，还是从基片表面的动力学方面都还不能定量地加以描述和解释。

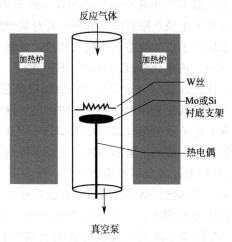

图 3-7　热丝 CVD 金刚装置示意

　　HFCVD 工艺的关键是在 C-H 高温热解过程中使碳从石墨转化为金刚石结构，这需要在基板附近有耐熔化的金属丝作为灯丝，给灯丝加电压形成闭合电流，灯丝一般为钨丝，加热到大约 2000℃，但使用温度必须限制在 2300℃以下，因为钨丝使用温度过高影响灯丝寿命。钽丝在生长系统中高温下使用温度可高于 3000℃，在金刚石成膜中是很好的灯丝材料。但它比钨丝价格昂贵几百倍。

　　HFCVD 装置通入的反应气体，一般为 CH_4 和 H_2 的混合气体，其中 CH_4 的含量一般小于 5%。酒精、丙酮与 H_2 的混合气体也经常作为碳源气体，同时引入氧气成分。一般混合气体中含碳量过高时，引入氧气有以下几个作用：①降低 C 浓度，以减少非金刚石相；②促进氢气与甲基的裂解；③由于增加了氢气的裂解而形成有利于金刚石膜生长的活性基；④OH 活性基可有效地去除非金刚石相。

　　基片温度需要保持在 1300℃以下，以防止生成的金刚石石墨化。真空室内压强约为几千帕，气源比例可随实际情况调节。基板材料多为 Mo 或 Si 等。灯丝对基板的距离也是一个很重要的参数，但是由于热丝在高温下工作几个小之后即发生严重的变形，因而，热丝只能在小面积上生长金刚石膜。有研究者对热丝的安装结构作了某些改进，改用处于拉伸状态下的栅状热丝，克服了上述缺点。

（2）偏压辅助（热丝化学气相沉积）HFCVD 若在 HFCVD 法中的热丝和基体之间施加直流偏压（正偏压或负偏压），可对金刚石的形核和生长起到促进作用。这种方法称之为偏压辅助热丝化学气相沉积，或为电子辅助热丝 CVD（EAHFCVD）。这种方法提高了气体的活化程度，增加了氢的裂解（氢原子可刻蚀膜上的非金刚石碳），这样有利于提高金刚石膜的质量，使金刚石膜的沉积速率得到提高。通过对热丝设备系统的改进，使沉积的膜更均匀，沉积金刚石膜面积也不断增大，如德国的 Fraunhofer 研究所研制的 HFCVD 设备，如图 3-8 所示，沉积的金刚石膜面积，一次可达 $0.4m^2$。由于施加的偏压在一定条件下也可形成等离子放电，所以也有称为等离子辅助热丝 CVD（PAHFCVD）。

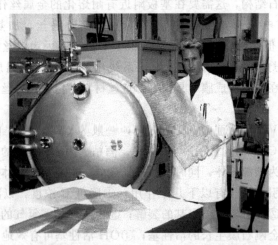

图 3-8 德国 Fraunhofer 研究所的 HFCVD 金刚石装置

3.1.5.3 微波等离子体化学气相沉积金刚石膜

（1）微波等离子体化学气相沉积的特点 用微波等离子体激活化学反应进行气相沉积的技术，称为微波等离子体化学气相沉积（Microwave Plasma Chemical Vapor Deposition，MWPCVD）。该法通常用的微波频率为 2.45GHz。MWPCVD 装置系统使用一种对称的等离子体耦合器，其产生的等离子体是轴对称的。轴对称的等离子体有其最高的场强，它产生的微波等离子体活性离子浓度大，存在大量长寿命的自由基，因此活性高。图 3-9 为 MWPCVD 装置示意图。在传统 CVD 方法中，引入微波等离子体技术和低压技术即可降低 CVD 方法制备人造金刚石的温度，还可大大改善金刚石膜的质量。

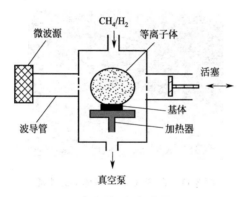

图 3-9　MWPCVD 装置示意

MWPCVD 装置的优点是：微波放电产生的等离子体电子温度高，气体电离度大，所以沉积温度较低，沉积气压也较低；MWPCVD 装置受污染小，所以 MWPCVD 法易制备出高纯度的金刚石膜。如图 3-10 和图 3-11 所示为 MWPCVD 法制备的光学级金刚石膜和 Si(100) 基体上的外延金刚石膜。

MWPCVD 的缺点是：沉积面积较小，不易在大面积的衬底上沉积金刚石膜。由于沉积气压较低，使沉积速率低。经过科技人员对微波装置的不断改进，现已可在较大面积衬底上沉积金刚石膜。

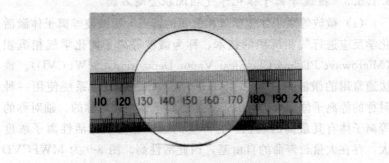

图 3-10   MWPCVD 法制备的光学级金刚石膜

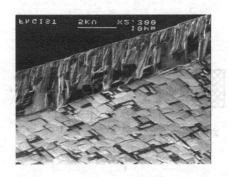

图 3-11   在 Si（100）基体上的外延
金刚石膜的 SEM 照片

微波装置的另一缺点是设备价格相对较贵，运行成本较高

一般的低压气相沉积金刚石膜的温度在 800～900℃，这样高的温度不适宜应用于电子学方面。因为温度高容易引起薄膜的内应力，使某些低熔点的基体破坏以及使某些掺杂元素偏析或扩散，而使器件失效。所以较低温度沉积金刚石膜对实现金刚石某些应用是必要的。

（2）电子回旋共振 CVD   电子回旋共振（ECR）等离子体源已广泛应用于半导体材料的刻蚀和某些介质膜的沉积。微波 ECR

的原理如图 3-12 所示，由微波源、等离子体室、波导管、磁体、真空系统等部分组成。其原理为：在微波波导管和反应器周围加上磁体（电磁铁或永久磁铁），使微波产生的等离子体中的电子在电场和磁场的共同作用下产生 Lorentz 运动，增加了电子与其他粒子的碰撞概率，增加了等离子密度，提高了气体的离化率，使放电气压降低，反应温度降低。ECRCVD 与其他沉积法相比有几个特点：①工作压力低，一般为 $0.2 \sim 10 \mathrm{mTorr}$；②等离子体密度高，$n_i = 10^{11} \sim 10^{12} / \mathrm{cm}^3$；③较低的等离子势（$15 \sim 30 \mathrm{eV}$）；④离子能量和离子流可以相对独立调控；⑤等离子体可以由磁场控制其分布，远离物理表面。

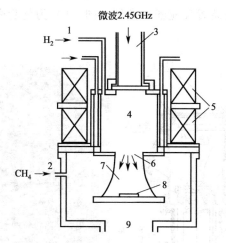

图 3-12 微波 ECR 装置原理

1,2—工作气体；3—波导管；4—等离子体；5—磁场线圈；
6—等离子引出窗；7—等离子射流；8—衬底；9—接真空泵

表 3-5 为 ECRCVD 沉积金刚石膜的典型工艺条件。ECRCVD 可以在相对低的温度下沉积较大面积的金刚石膜，但是其沉积速率较低，且金刚石膜质量一般不高。但在改进微波输入方式和在基体上加上一定的永磁体后，可以明显改善金刚石膜质量和提高沉积速率。

表 3-5　ECRCVD 沉积金刚石膜的典型工艺条件

气源	CH_3OH 或 CH_4+CO_2,H_2
工作压力/Pa	10
微波功率/kW	1.3
基体温度/℃	200~600
偏压/V	30~40

（3）高压微波等离子体 CVD 金刚石膜　20 世纪 90 年代，美国 ASTex 公司生产的高压微波反应器克服了以往反应器的不足，沉积压强可达几千帕，沉积金刚石膜的直径为 10cm，可输出产生等离子体的功率大于 1.5kW，目前微波功率可达 5kW，但样品台须进行水冷。图 3-13 为 ASTex 公司生产的 1.5kW 高压微波装置，图（a）为微波装置反应器示意图，图（b）为整套微波实验装置照片。

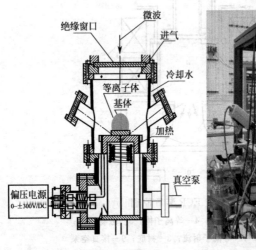

(a) 反应器示意　　　　(b) 微波装置照片

图 3-13　ASTex 微波装置图

随着 MWPCVD 金刚石的应用研究的发展，科技工作者又发明了一种多模反应腔微波装置，在微波频率为 2.45GHz 时，微波功率可达 10kW，能沉积直径为 12.5cm 的金刚石膜，径向均匀性小于±10%，沉积速率可达 100mg/h。2.45GHz 微波主要用于民用和工业微波炉。低频微波已应用的是 915MHz，在低频段，磁控管可连续输出微波功率达 100kW。ASTex 公司已生产 915MHz 大功率多模反应腔微波 CVD 装置，沉积金刚石薄膜直径达 15～20cm，耦合功率达 90kW，薄膜均匀性为±15%，沉积速率为 18mg/h。图 3-14 为 ASTex 公司生产的 915MHz 低频大功率微波沉积金刚石薄膜装置。

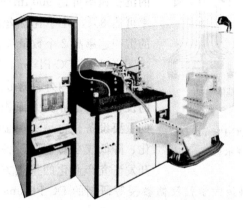

图 3-14　915MHz 大功率微波等离子 CVD 金刚石膜装置

3.1.5.4　等离子射流法

等离子射流法是指用中压到高压等离子体射流法沉积金刚石膜的一种方法，其工作压力为 $10^4 \sim 10^5$ Pa，它是继低压 CVD 金刚石膜的一种常用方法，于 20 世纪 80 年代用于沉积金刚石膜。根据放电方式不同，等离子射流法分为直流等离子射流（DC-Plasma Jet）、射频耦合等离子射流（RF-Plasma Jet）和微波等离子射流（MW-Plasma Jet）。

（1）直流等离子射流化学气相（DC-Plasma Jet CVD）　DC-Plasma Jet 的示意如图 3-15 所示。中间为阳极，围绕着阳极的是管状阴极，在两极间施加直流电压，气流通过两极间隙在电压的作用下放电形成弧柱。使用的气体一般为 H_2 和 CH_4，平均等离子温

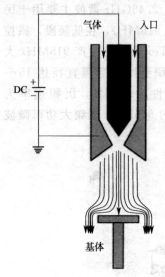

图 3-15   DC-Plasma Jet
原理示意

度可达 5000K，足以使反应气体分解。

DC-Plasma Jet CVD 金刚石是在 1988 年由 Kurihara 首先报道的。此后，有多种直流等离子源应用于此项研究和批量生产中，许多国家投入大量资金进行这种设备的研制和开发。有报道，DC-Plasma Jet CVD 金刚石的沉积速率可达 900μm/h，碳的转化率可达 8%，几乎比热丝法和微波法的沉积速率高 2 个数量级。

高功率 DC-Plasma Jet CVD 装置，是目前国内外高速沉积金刚石膜的设备，也是解决大面积、高速沉积的重要设备。它是实现金刚石膜产业化、降低成本的重要设备之一，也是开发研究产业化的重点方向之一。图 3-16 为北京科技大学吕反修教授等研制的 DC-Plasma Jet CVD 金刚石膜装置。

图 3-16   DC-Plasma Jet CVD 金刚石膜装置

（2）射频等离子射流（RF-Plasma Jet）CVD　射频等离子射流是通过振荡磁场将射频能量耦合给反应气体形成等离子体，从针孔中形成等离子体喷射。这种无极放电将气体中的电子激发而耗散能量，通过 Ohmic 加热，变成流动的高压气体，增加了气体的热熔和动能。

1987 年日本的 Matsumoto 用 RF-Plasma Jet 法在大气压下合成了微晶和多晶金刚石膜，生长速率达 $60\mu m/h$。图 3-17 为比较典型的 RF-Plasma Jet 沉积金刚石膜装置示意。其工作压力为 $10^4 \sim 10^5 Pa$，射频频率为 $3 \sim 13.56 MHz$，介电室半径为 $1 \sim 4 cm$，功率为 $10 \sim 100 kW$。

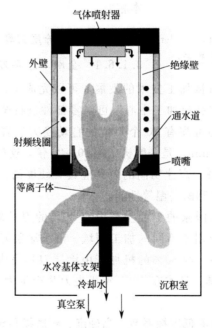

图 3-17　RF-Plasma Jet 金刚石沉积装置示意

（3）微波等离子射流 CVD　与直流和射频射流一样，微波等离子射流（MW-Plasma Jet）也是一种由高熔对流起主导作用的等离子流。微波耦合到气体中是通过矩形或同轴波导或其他方式，如微波喷射器而实现的。其基本原理如图 3-18 所示。

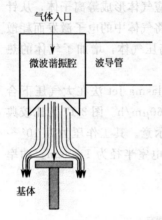

气体入口

微波谐振腔   波导管

基体

图 3-18   MW-Plasma Jet
金刚石沉积装置示意

日本人 Mitsuda 于 1989 年首先报道了采用 MW-Plasma Jet 法沉积金刚石膜。其采用微波功率为 2～5kW，微波由矩形波导转换到轴向天线耦合器，在大气压下形成等离子体。主要气源为 Ar 气，在沉积中引入 H_2 和 CH_4。MW-Plasma Jet 法沉积金刚石膜的生长速率及气体比例与生长速率的关系与 DC-Plasma Jet 和 RF-Plasma Jet 法基本相似。

3.1.6   金刚石涂层刀具

3.1.6.1   金刚石涂层刀具的特点

随着现代机械加工技术的发展，可以完成车、镗、铣、削的粗、精加工的"高速加工中心"可对零部件进行全方位的顺序加工。该加工中心可配有 20 个刀位的自动换刀装置，主轴转速为 15000～40000r/min，是一般机床的 10～20 倍，这种高速切削可减少加工时间 75%。高速切削的刀具应具有硬度高、耐磨损、耐腐蚀、低摩擦系数和耐高温等性能。

目前，发达国家的工业生产中有 40% 的刀具采用涂层刀具。新的涂层正被应用于不同的加工领域。由于涂层刀具的切削速度高、生产效率高，约 80% 的机加工由涂层刀具完成，其中，80% 是 TiN 涂层刀具。日本在 1995 年机夹刀片产量为 9314 万件，涂层刀具占 70%。

金刚石膜具有低摩擦系数、高硬度、耐磨损和导热性能好等优点，可作为刀具的高性能涂层。金刚石膜刀具已在非金属和有色金属材料的加工中得到广泛应用，如用于切削加工高硅铝合金的小汽车发动机缸体、缸盖和变速箱以及各种活塞部件等。

由于金刚石膜与硬质合金基体间的热膨胀系数不同而引发参与

热应力，会导致膜-基之间的结合强度减弱，这是金刚石膜刀具目前存在的问题。目前，已有各种方法对基体进行预处理，以增加结合强度。当然，基体的预处理对金刚石的形核和生长都会产生影响，这里讨论的是硬质合金的基体预处理，即消除 Co 的影响。因为作为硬质合金中黏结剂的 Co 在 CVD 中会向基体表面扩散，Co 在基体表面存在对金刚石的行核和生长都会有抑制作用。为了消除 Co 的影响，一种方法是脱 Co，脱 Co 的方法有：酸脱 Co 法；生成 Co 化合物；置换 Co 法。另一种方法是施加中间过渡层，即在基体与金刚石膜之间沉积一层过渡层阻挡 Co 的扩散，这种方法被认为是能较好地消除 Co 的影响，提高膜-基黏合强度的方法。因为它既能消除 Co 的影响，又不减弱基体强度，某些过渡层还能起到热膨胀系数梯度过渡的作用。目前采用的过渡层有：Ti 过渡层、WC 过渡层、Ti-Ni-Nb、DLC、TiC、TiN、C_{60} 或 C_{70} 等。德国的 Jang 等采用金刚石/SiC 复合梯度膜的方法提高金刚石膜-基结合强度的研究工作。

CVD 金刚石刀具分为两种，一种是 CVD 金刚石膜（厚膜）镶嵌刀具，利用激光将厚度约 1mm 的金刚石膜切割成许多三角形小片，再把三角形小片金刚石膜焊接到硬质合金刀基上，然后成型、开刃。该刀具的硬度和耐磨度是聚晶金刚石（PCD）刀具的 2～3 倍。CVD 金刚石涂层刀具是直接在硬质合金刀具基体上沉积一层厚约 $10 \mu m$ 的金刚石膜，这种方法制作简单，成本低，具有市场竞争力，但存在结合力的问题。

国外许多公司都进行了有关金刚石涂层刀具的研究开发工作，如 Sandvik 和 Balzers 公司建立了金刚石涂层生产线，在硬质合金刀具上涂镀 6～$10 \mu m$ 金刚石膜供用户试验。Crystallume 公司沉积金刚石面积直径为 $\phi 380mm$，重点涂镀刀片、小丝锥和钻头。Turchan 公司发明了一种新的激光增强等离子体工艺，可在室外沉积金刚石，沉积速率可达 $1 \mu m/s$，而且涂层质量高。德国 Fraunhofer 研究所也进行了金刚石涂层刀具研究，有钻头、刀具和模具等。如图 3-19 为热丝 CVD 在直径 26mm 氮化硅拉丝模具上涂镀金刚石膜，图 3-20 为可以在 Al_2O_3 材料上钻孔的镀金刚石膜的钻头和图 3-21 为用金刚石膜镶嵌的机夹刀具。

图 3-19　热丝 CVD 在直径 26mm 氮化硅拉丝模具上涂镀金刚石膜

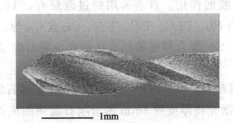

——— 1mm

图 3-20　镀金刚石膜的钻头

图 3-21　金刚石膜镶嵌的机夹刀具

3.1.6.2　金刚石涂层刀具的技术性能

金刚石涂层刀具主要应用于切削无铁金属和 Al-Si 合金。实验结果如表 3-6 和图 3-22 所示。同无涂层硬金属相比，金刚石涂层刀具使用寿命提高了 4～20 倍。

表 3-6　CVD 金刚石涂层刀具同其他切削刀具在某些领域的测试比较

条　　件		切削测试 1 号	切削测试 2 号	切削测试 3 号	切削测试 4 号
材料		Al-7％～9％Si-T6	Al-7％Si-T6	Al-11％Si	Cu
操作		毛坯	毛坯	毛坯＋表面粗糙	精加工（抛光）
冷却剂		无	乳剂	乳剂	无
部件		卡车轮	车轮	车轮	衔铁,加强料
切削数据	切削速度/(m/min)	1850～2500	＜2150	2100～2600	300
	转速/(r/min)		1800	2000	
	切削深度/mm	0.5～3.0	0.8～1.5	0.5～1.0	1.0
	进刀速度/(mm/s)	0.25～0.8	0.5	0.35～0.65	0.15
衬底		VCGX 160412-AL	N151.4- 800-60-AL	RCGX 0803Mo-AL	CCGX 120408-AL
等级		H10　　6D	H10　　6D	K15　　6D	H10　　6D
结果	每个刀具所含刀片	7　　140	600　2250	200　800	2　　4
	耐磨损类型	Abr　　F1	Abr　　F1	Abr　　F1	Abr　　F1

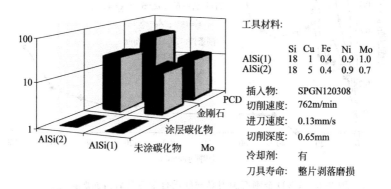

工具材料:

	Si	Cu	Fe	Ni	Mo
AlSi(1)	18	1	0.4	0.9	1.0
AlSi(2)	18	5	0.4	0.9	0.7

插入物:　SPGN120308
切削速度:　762m/min
进刀速度:　0.13mm/s
切削深度:　0.65mm

冷却剂:　　有
刀具寿命:　整片剥落磨损

图 3-22　CVD 法、PCD 法金刚石膜刀具与
未涂碳化物刀具在切削 Al-Si 合金材料的比较

　　采用 DC-Plasma Jet 对 YG3 和 YG6 方形硬质合金刀具进行涂镀金刚石膜,涂镀工艺如表 3-7 所示,然后进行切削实验。采用 SEM 和工具显微镜检测刀具的前后刀面的磨损形貌和磨损、破坏程度,用表面粗糙仪测量工件加工表面的粗糙度。

表 3-7　CVD 金刚石膜涂镀工艺

气压/Pa	Ar/SLM	H₂/SLM	CH₄ 浓度/%	电压/V	电流/A	温度/℃
5.3~20	4~10	5~15	0.5~5	50~150	70~200	700~1100

图 3-23 为不同的工艺条件下涂镀的金刚石膜刀具和 YG6 硬质合金刀具切削高硅铝合金的磨损过程曲线。实验发现，无金刚石涂层的 YG6 刀具在切削过程中一直产生剧烈的磨损，前刀面上粘刀严重，工件加工表面粗糙度大。由此说明，无金刚石涂层的 YG6 硬质合金刀具无法胜任高硅铝合金的切削。而涂镀金刚石膜的刀具磨损量小，刀具使用寿命明显提高。

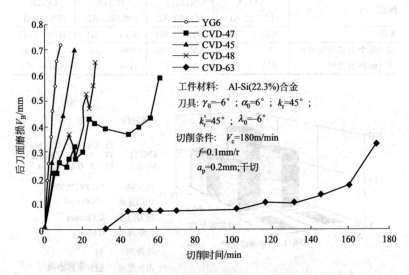

图 3-23　CVD 金刚石膜刀具与硬质合金刀具后刀面磨损曲线

3.2　类金刚石薄膜

类金刚石膜（Diamond Like Carbon Films，DLC）是含有部分金刚石结构的膜，类金刚石是结构为 sp³ 键、sp² 键等的非晶碳膜，即短程有续，长程无续的薄膜。类金刚石有许多与金刚石类似的性质，如在力学性能方面，硬度较高、耐磨，在光学性能方面透光性好等，在很多金刚石膜可以应用的领域，DLC 膜均可以应用，而且效果良好。因而，类金刚石膜可应用于许多领域，如耐磨损涂层、扬声器振动膜、光学保护膜等。特别是某些要求沉积温度低、表面光洁度高的产品，如计算机磁盘、光盘的保护膜等。目前，DLC 膜的应用研究已经引起众多材料工作者的关注，此项研究已经进入工业化阶段。

　　DLC 膜具有独特的优点是金刚石膜所不能代替的。如 DLC 膜为低迁移率半导体，其带隙为 $1 \sim 4eV$，具有室温下的荧光效应和低电子亲和势、良好的耐磨性、低摩擦系数、良好的导热性、红外透光性和高硬度，此外，DLC 也是很好的生物相容性材料。这些特点是 DLC 膜的研究与开发能够吸引广大材料科学工作者重视的原因。

3.2.1　类金刚石的相结构与表征

3.2.1.1　类金刚石的相结构

　　类金刚石膜的制备方法主要有物理气相沉积（PVD）、化学气相沉积（CVD）及等离子化学气相沉积（PCVD）等。由于方法和工艺的不同，所生成薄膜中碳原子的键合方式（有 C—H，C—C，C=C）及与它们各种键合方式的比例不同，因而名称也不同。图3-24 为碳的杂化状态与类金刚石相结构关系。如非晶碳膜［amorphous carbon(a-C)films］主要含 sp^3 键、sp^2 键碳的混合物。含氢非晶碳膜［the hydrogenated amorphous carbon(a-C：H) films］含有较多的氢。四面体非晶碳膜［the tetrahedral amorphous carbon(ta-C)films］中含 sp^3 键碳原子超过 70％（图3-25），亦称非晶金刚石膜（amorphous diamond）。由于类金刚石膜在成膜过程中一般都经过离子轰击，所以类金刚石膜也称为离子碳膜（i-C films）。由于各种类金刚石膜的制备工艺不同，膜的成分、结构和性能也有较大差异，一般来说，也可以把超过金刚石膜硬度 20％ 的绝缘无定形碳称为类金刚石膜。

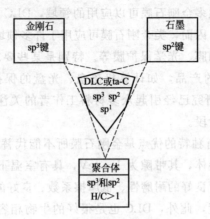

图 3-24　碳的杂化态与类金刚石

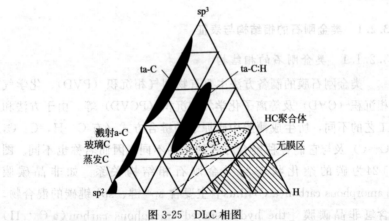

图 3-25　DLC 相图

3.2.1.2　类金刚石膜的表征

Raman 谱是鉴别类金刚石膜的一种标准方法。纯金刚石特征峰为 $1332cm^{-1}$，而石墨的特征峰为 $1580cm^{-1}$，称为 G 线。微晶石墨的特征峰为 $1355cm^{-1}$，称为 D 线，含有键角无序和 sp^3 杂化的 DLC 的计算机模拟 Raman 散射结果表明：Raman 峰位将向低波数方向移动。观察结果为：G 线移到了 $1536cm^{-1}$（也有移到 $1520cm^{-1}$ 的），D 线移到了 $1283cm^{-1}$，图 3-26 是几种不同样品的

Raman 谱。可以看出，类金刚石（a 线、b 线）具有下移的 G 峰，是一展宽的"馒头"峰，而 D 峰不明显或只呈现一个微弱的肩峰，而退火后的类金刚石（c 线）峰位与炭黑（d 线）的峰位，是清晰可以辨别的。

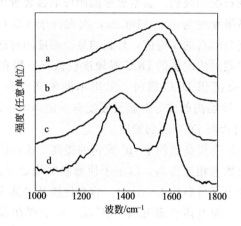

图 3-26　几种不同样品的 Raman 谱

a—不含氢的非晶碳；b—含 40％氢的 a-C：H；

c—退火的 a-C：H；d—平均粒度为 20nm 的粉状炭黑

3.2.2　类金刚石膜的性能

　　类金刚石膜的性质主要有力学、光学、电学及化学性能。力学性能包括硬度、内应力、摩擦系数及与衬底的结合力。光学性能包括折射率、光学吸收系数、光学透过率和光学带隙。电学性能包括电导率、介电性、场发射性能等，化学性能指其化学稳定性。

　　由于类金刚石膜具有硬度高、摩擦系数低、耐磨性好、热传导率高及化学惰性强等一系列优越的机械和化学特性，使其具有很大的研究价值和广泛的应用前景，引起科技界的极大兴趣。类金刚石膜的应用研究已在切削工具、机械、光学组件、计算机和生物医学等领域取得了很大进展。

3.2.2.1　DLC膜的力学性能

DLC膜的硬度和膜中的 sp^3 键与 sp^2 键比例及氢含量有关，膜的硬度提高依赖于 sp^3 比例的提高。DLC膜的硬度与不同的沉积方法有关，如用激光溅射和磁过滤阴极电弧法制备出的DLC膜，硬度达到金刚石膜的级别。真空磁过滤阴极电弧装置沉积的非晶金刚石薄膜的显微硬度为 70～110GPa，大大高于 a-C：H 和 a-C 膜的硬度，接近金刚石的相应值，且膜的显微硬度随衬底偏压的增大而减小。磁控溅射法制备的DLC膜硬度较低（一般在 HV2000 以下）。用离子束沉积DLC膜时，采用不同的离子束轰击可改变DLC膜硬度。膜层内的成分对膜层硬度有一定影响，Michler 等发现 Si 的掺入可提高DLC膜的硬度。

由于膜的硬度提高依赖于 sp^3 比例的提高，这将使共价键的碳原子平均配位数也相应提高，以至于使薄膜结构处于过约束状态，产生很大的应力（可高达 1.5GPa），容易使膜从基体表面爆裂或脱落。尤其是在金属基体表面沉积DLC膜，由于存在着热膨胀系数和界面原子的亲和性能等方面因素的影响，往往不易得到良好的附着。薄膜的内应力和结合强度是在DLC膜的实际应用中相当重要的两个参数，内应力高和结合强度低的DLC膜容易在应用中产生裂纹、褶皱，甚至脱落，所以制备的DLC膜最好具有适中的压应力和较高的结合强度。

DLC膜一般具有较大的压应力（GPa量级）。尤其在溅射沉积过程中，只有压应力较高时，才能沉积出高 sp^3 键含量的DLC膜。如射频自偏压技术沉积的类金刚石膜的压应力为 1~7GPa，当作为 Ge 透镜 8～12μm 波长的红外增透保护膜时，膜厚不能超过 1μm，否则将起皱并剥落。也有报道采用脉冲等离子体（PECVD）沉积技术使类金刚石膜的内应力降到约 0.5GPa，并沉积出厚度为 10～25μm 的类金刚石膜。在含氢的DLC膜中，氢杂质可引起较大的压应力，含氢量小于 1% 的DLC膜的内应力较低。膜中掺入 B、N、Si 及某些金属元素可以保持DLC膜的高硬度的同时降低其内应力。M. Chhowalla 等人用过滤阴极真空弧沉积的含 B 的 ta-C：B

膜，当膜中的 B 含量达 4%时，膜中的压应力由无 B 时的 9～10GPa 降低到 1～3GPa。另外，膜厚的均匀性对内应力也有影响，膜厚均匀的 DLC 膜，厚度超过 300nm 时才出现褶皱，而膜厚不均匀的 DLC 膜在 50nm 时就开始起皱。很多研究结果表明，直接在基体上沉积的 DLC 膜的膜基结合强度一般比较低，因此一般可采用不同金属衬底或过渡层的办法，如 Ni、Mo、Co、Cu、Fe、TiN 等，以提高膜-基结合强度。因此，如何选择合适的工艺参数使沉积的 DLC 膜既有较高的硬度又与基体有较好的结合强度，已成为 DLC 膜在机械和材料表面保护等方面应用的关键技术问题。

DLC 膜具有优异的耐磨性，摩擦系数较低，是一种优异的表面抗磨损改性膜。有研究发现，环境对 DLC 膜的摩擦性能影响很大，DLC 对金刚石膜的摩擦系数在潮湿的空气环境下为 0.11，在干燥氮气中，摩擦系数为 0.03。采用直流等离子体化学气相沉积得到的一种含有 Si 的类金刚石膜（DLC-Si），在干和湿的环境下摩擦系数均保持小于 0.05。含有金属的类金刚石膜有独特的微结构，并可通过剪裁获得不同的性能，这种膜是一种复合材料，力学性能好，膜层应力低，附着力强，在摩擦应用中比纯类金刚石膜有更多的优点，在密封、自润滑等方面有很多应用。

3.2.2.2 DLC 膜的电学性能

DLC 膜的电阻率在 $10^5 \sim 10^{12} \Omega \cdot cm$ 之间。不同方法制备 DLC 膜的电阻率有很大差别，一般含氢 DLC 膜的电阻率比不含氢的 DLC 膜的电阻率高；DLC 膜中掺入 N 可使其电阻率下降，掺 B 却可以提高 DLC 的电阻率，如 M. Chhowalla 等人用过滤阴极真空弧沉积技术沉积的含 B 的 ta-C：B 膜，电阻率达到约 $5 \times 10^{10} \Omega \cdot cm$，高于无 B 的 ta-C 膜的电阻率（$10^7 \sim 10^8 \Omega \cdot cm$）。当膜中掺杂金属时电阻率较低，如 S. J. Dikshit 等人，用 KrF 准分子激光溅射含 Cu 碳靶时，沉积出含 Cu 类金刚石膜，随着膜中 Cu 含量由 2%增加到 5%，膜的电阻率由 $4.2 \times 10^{-3} \Omega \cdot cm$ 降到 $5 \times 10^{-4} \Omega \cdot cm$。另外，沉积时基体温度升高及沉积后退火都会使电阻率下降。

DLC 膜介电强度一般在 $10^5 \sim 10^7 \text{V/cm}$ 之间。沉积参数对介电性有一定影响，介电常数一般在 $5 \sim 11$ 之间，损耗角正切在 $1 \sim 100 \text{kHz}$ 范围内很小，仅为 $0.5\% \sim 1\%$。

DLC 膜具有较低的电子亲和势，是一种优异的冷阴极场发射材料。与多晶金刚石薄膜相比，类金刚石膜的电子发射具有阈值电场低、发射电流稳定、电子发射面密度均匀等优点。因为类金刚石膜中总含有一定量的石墨成分，石墨作为薄膜与衬底之间的导电通道，起着输运电子的作用。一般不含氢的 DLC 膜发射电子的电场阈值为 $10 \sim 20 \text{V}/\mu\text{m}$，随着膜中 sp^3 键含量的增加而降低，有研究结果表明，当膜中 sp^3 键增加到 80% 时，阈值电场降为 $8\text{V}/\mu\text{m}$，掺 N 或掺 B 后 DLC 膜的阈值电场明显降低。当电场为 $20\text{V}/\mu\text{m}$ 时，DLC 膜的发射电流密度为 $80\mu\text{A/cm}^2$，掺 B 后则增加到 $2500\mu\text{A/cm}^2$，掺 N 后 DLC 膜的发射电流密度也明显增大。

3.2.2.3　DLC 膜的光学性能

DLC 膜在可见及近红外区具有很高的透过率，如图 3-27 所示。采用低能离子束技术，在双面抛光的 0.4mm 厚的硅片衬底上，双面沉积 DLC 膜后，进行红外波段的透过率测试结果表明，DLC 膜在红外波段内对 Si 有明显增透作用。无膜时，红外透过率只有 $40\% \sim 50\%$，镀膜后，透过率提高为 $80\% \sim 95\%$，提高透过率约 2 倍。

DLC 膜的光隙带宽 E_g 一般低于 2.7eV，随着膜中 sp^3 键含量的增多而增大。E_g 对沉积方法及工艺参数比较敏感，程德刚在用磁控溅射方法沉积 DLC 膜时，随着溅射功率由 200W 增大到 1000W，膜的 E_g 由 2.0eV 降低到 1.63eV。在激光沉积技术中，膜的 E_g 与所用激光波长有关，李运钧等采用 YAG 激光制备 DLC 膜的 E_g 为 0.98eV，而 Fulin Xiong 等人用 ArF 准分子激光制备的无定形金刚石膜的光带隙宽度达到 2.6eV 的较高水平。掺杂对 DLC 膜的 E_g 有较大的影响。当膜中掺入 Si 时，Si 含量低于 5%（摩尔分数），Si 含量的增大使 E_g 降低，当 Si 含量超过 5% 时，随

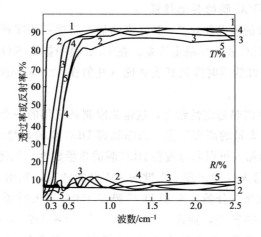

图 3-27　DLC 膜在可见光及近红外区的
透过率 $T(\%)$ 和反射率 $R(\%)$

1—石英玻璃基片；2—溅射功率 80W，膜厚 0.0927μm；

3—溅射功率 2000W，膜厚 0.3073μm；4—溅射功率 500W，

膜厚 0.5632μm；5—溅射功率 1200W，膜厚 0.5600μm

着 Si 含量的继续增大，E_g 也开始增大。陈智颖等采用真空磁滤弧沉积技术制备的纯 DLC 膜的禁带宽度为 2.4eV，当膜中掺有 8%（原子分数）的 N 时，光带隙增加到 2.5eV，当膜中 N 进一步增加时，带隙反而下降，膜中 N 含量达 20% 时，带隙降至 1.6eV。S. J. Dikshit 等人采用脉冲激光沉积含 Cu 类金刚石膜时，随着膜中 Cu 含量由 2%（原子分数）增加到 5%（原子分数），DLC 膜的 E_g 由 0.75eV 下降到 0.65eV，当 Cu 含量增加到 11%（原子分数）时，膜的 E_g 急剧下降到 0.3eV。

　　DLC 膜的折射率一般在 1.5～2.3 之间，采用磁控溅射制备 DLC 膜时，折射率随溅射功率的增加而缓慢增加，随溅射 Ar 气压力的升高而降低，随靶-基距的增加而降低。在 500℃ 以下退火时，折射率基本保持不变，在 500℃ 以上退火时，折射率随退火温度升高而上升。

3.2.2.4 DLC 膜的其他性能

DLC 膜的表面能较低，F 元素的加入将进一步降低其表面能，但含 F 的 DLC 膜化学稳定性差。在 DLC 膜中掺入 SiO_2 可以在保持化学稳定性的同时降低其表面能（其值在 $22\sim30mN/m$ 范围内调节）。

DLC 膜的热稳定性较差，这也是限制其应用的一个重要原因。人们进行了大量的研究工作，力图提高 DLC 膜的热稳定性。研究发现，Si 的加入可以明显改善 DLC 膜的热稳定性，如纯 DLC 膜在 300℃ 以上退火时即出现 sp^3 键向 sp^2 键的转变，如图 3-28 所示。含 12.8%（摩尔分数）Si 的 DLC 膜在 400℃ 退火时还未发现 sp^3 键向 sp^2 键的转变，如图 3-29 所示。含 20%（摩尔分数）Si 的 DLC 膜则在 740℃ 退火时才出现 sp^3 键向 sp^2 键的转变。

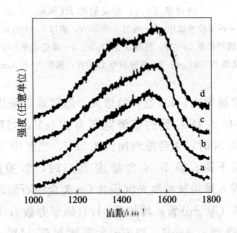

图 3-28　纯 DLC 膜退火后的 Raman 谱
a—100℃退火；b—200℃退火；
c—300℃退火；d—400℃退火

3.2.3 DLC 膜的应用

DLC 膜具有优异的力学、电学、光学性质及化学稳定性，且随着制备技术日趋成熟，在机械、声学、电磁学、光学、医学等许

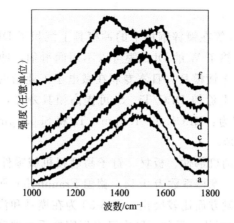

图 3-29 含 12.8％的 DLC 膜退火后的 Raman 谱

a—100℃退火；b—200℃退火；c—300℃退火；

d—400℃退火；e—500℃退火；f—600℃退火

多领域获得应用并不断拓展其应用领域。

3.2.3.1 DLC 膜在机械领域的应用

DLC 膜具有低摩擦系数、高硬度、良好的抗磨粒磨损性能及化学稳定性，因而非常适合于制作工具涂层。Murakawa 等用 DC-PCVD 法在 6Mo5Cr4V2 高速钢上沉积了厚 0.7μm、硬度为 HV3500 的 DLC 膜，在切削铝箔时性能明显优于未涂层刀具；Lettington 等在刀具上镀 DLC 膜，切削高硅铝合金时，刀具寿命明显提高；广州有色金属研究院在硬质合金上沉积了厚 1μm 的 DLC 膜，在切削共晶铝硅合金时提高寿命 1.5 倍，在切削耐磨铝青铜时提高寿命 8 倍。然而，由于沉积的 DLC 膜太薄（不足 500nm），难以抵抗大颗粒材料（如金属基复合材料、砂型铸造的高硅铝合金等）的剧烈磨损。

此外，国外还把 DLC 膜镀在剃刀片上，使刀片变得锋利，且保护刀片不受腐蚀，利于清洗和长期使用。美国 IBM 公司近年来采用镀 DLC 膜的微型钻头，在电子印刷线路板上钻微细的孔。镀 DLC 膜后可使钻孔速度提高 50％，使用寿命增加 5 倍，加工成本降低 50%。

Murakawa 等在镀锌钢板上的冲模具上沉积了 DLC 膜，经生产使用证明，掺了 W 的 DLC 膜可以不用润滑剂，冲后工件表面质量明显好于未镀模具；日本专利在微电子工业精密冲剪模具的硬质合金基体上涂镀 DLC/Ti、Si 可提高模具寿命，并已推广应用，其膜厚度为：DLC1.0～1.2μm，Ti 和 Si 0.4μm，硬度可达 HV4000～4500。

在汽车发动机部件、板材、钉子易磨损机械零件上沉积 DLC 膜也获得成功，摩擦系数为 0.14。德国 Fraunhofer 研究所在 DLC 膜的研制与开发方面比较突出，图 3-30 为在模具和汽车曲轴上沉积的 DLC 膜的照片。目前，国内已有厂家在手表玻璃面和眼镜的玻璃镜片和树脂镜片上沉积透明耐磨的 DLC 保护膜。

(a) 模具　　　　　　　　　　　　(b) 汽车曲轴

图 3-30　DLC 涂镀的部分零件

3.2.3.2　DLC 膜在声学领域的应用

电声领域是金刚石和 DLC 膜最早应用的领域，主要是扬声器振动膜。1986 年日本住友公司在钛膜上沉积 DLC 膜，生产高频扬声器，高频响应达到 30kHz；随后，爱华公司推出含有 DLC 膜的小型高保真耳机，频率响应范围为 10～30000Hz；先锋公司和健伍公司也推出了镀有 DLC 膜的高档音箱；广州有色金属研究院材料表面工程中心的袁镇海教授等用阴极电弧法沉积的 DLC/Ti 复合扬声器振膜，组装的扬声器高频响应达 30kHz 以上。他们在高保真类金刚石/钛复合扬声器振膜与扬声器开发的工作取得了很好的成果，部分使用该产品的扬声器已进入国际市场。

3.2.3.3　DLC 膜在电磁学领域的应用

随着计算机技术的发展，硬磁盘存储密度越来越高，这要求磁头与磁盘的间隙很小，磁头与磁盘在使用中频繁接触、碰撞产生磨损。为了保护磁性介质，要求在磁盘上沉积一层既耐磨又足够薄不致影响其存储密度的膜层。用 RF-PCVD 方法在硬磁盘上沉积了 40nm 的 DLC 膜，发现有 Si 过渡层的膜层与基体结合强度高，具有良好的保护效果，且对硬磁盘的电磁特性无不良影响，三谷力等在录像带上沉积了一层 DLC 膜也收到了良好的保护效果。

DLC 膜在电子学上也有应用前景。采用 DLC 作为绝缘层的 MIS 结构可用于电子领域的许多方面。如可用于光敏元件，在发光二极管区可作为反应速率快的传感器，或作为极敏感的电容传感器。有人用 $5\mu m$ 厚的 DLC 的 MIS 结构在光强为 $10^{-6}\,W/cm^2$ 时可获得 50 倍于原来的电容变化。另外，DLC 膜在电学上是作为场发射平面显示器的冷阴极的极好材料。

3.2.3.4　DLC 膜在光学领域的应用

在光学方面，DLC 膜可用作增透保护膜。Ge 是在 $8\sim13\mu m$ 范围内通用的窗口和透镜材料，但容易被划伤和被海水侵蚀。在 Ge 表面镀一层 DLC 膜，可提高其红外透过率和耐蚀性。张贵锋等经过系统研究发现，对于 MgF_2 红外探测窗口，DLC 膜也是良好的红外增透和保护膜，由于 MgF_2 折射率仅为 1.37，单层 DLC 膜会不同程度地降低 MgF_2 的透过率，采用适当的双层或梯度 DLC 膜可以提高其光学透过率（最高峰透过率可达 99%），并具有优良的耐腐蚀性能。另外，国内也有在 ZnS 基体上沉积 DLC 膜，提高其红外透过率。

但是，一般 DLC 膜在可见光范围内透光性差，这限制了它在光电器件上的应用。居建化等通过工艺改进，在太阳能电池表面制备出可见光范围内具有增透效果的 DLC 膜，使太阳能电池的短路电流增益达到 38%。

程德刚、吕反修等以类金刚石膜的激光光学应用为目的,系统地研究了脉冲、连续 CO_2 激光以及脉冲 YAG 激光对类金刚石膜的作用。他们采用磁控溅射方法在高功率工业 CO_2 激光窗口和透镜材料 KCl 晶体上沉积类金刚石膜,发现膜具有良好的红外透过性,镀膜(膜厚 310nm)后 KCl 晶体的透过率仅有微弱的变化。研究发现类金刚石膜在激光作用下的损伤及损伤机制,结果表明,KCl衬底上沉积 DLC 膜后连续 CO_2 激光损伤值最高可达 $7.4kW/cm^2$,是当时报道的最高水平,并首次成功设计和制备了以类金刚石膜为顶层的 KCl//NaF/DLC 防潮阻反膜系,该膜系在 $10.6\mu m$ 反射率接近于零,其激光损伤阈值高达 $5.25kW/cm^2$,是目前国内万瓦级激光窗口实际所承受的最大功率密度的 6 倍。

3.2.3.5　DLC 膜在医学领域的应用

(1)心脏瓣膜　郑昌琼等用 RF-PCVD 法在不锈钢和钛上沉积了厚 $10\mu m$ 的 DLC 膜,除力学性能、耐蚀性满足要求外,生物相容性比不锈钢、钛明显改善。先在不锈钢表面沉积非晶硅,然后连续改变沉积条件,使沉积层从富硅逐渐变为富碳,最后在表面沉积DLC 膜,这样可以进一步改善膜/基体结合强度,满足了人工机械心脏瓣膜的要求。

(2)高频手术刀　目前高频手术刀一般用不锈钢制造,在使用时会与肌肉粘连并在电加热作用下发出难闻的气味。美国 ART 公司利用 DLC 膜表面能小、不润湿的特点,通过掺入 SiO_2 网状物并掺入过渡金属元素以调节其导电性,生产出不粘肉的高频手术刀推向市场,明显改善了医务人员的工作条件。

(3)人工关节　很多人工关节是由聚乙烯的凹槽和金属与合金(钛合金、不锈钢等)的凸球组成。关节的转动部分接触界面会因长期摩擦产生磨屑,与肉体结合会使肌肉变质、坏死,导致关节失效。DLC 膜无毒,不受液体侵蚀,镀在人工关节转动部位上的DLC 膜不会因摩擦产生磨屑,更不会与肌肉发生反应,可大幅度延长人工关节的使用寿命。

3.2.4 DLC 膜的制备方法

20 世纪中期，人们就在碳氢化合物气体的等离子体放电中发现了有"硬质碳膜"的形成。直至 1971 年才真正开始对这种薄膜的研究，Aisenberg 和 R. Chabot 采用碳的离子束沉积（IBD）在室温下制备出具有金刚石特征的非晶态碳膜。由于所制备的碳膜具有高的硬度和电阻率、良好的光学透过性等与金刚石相似的优异性能，人们称之为类金刚石薄膜，并在制备方法、结构形态分析、性能测试和开发应用等方面进行了深入广泛的研究。

制备类金刚石膜的方法有多种，主要有：离子束沉积、射频溅射、磁控溅射、离子束分解有机物、离子注入及化学气相沉积等。

3.3 立方氮化硼薄膜

立方氮化硼薄膜（c-BN）是一种人工合成的材料，具有闪锌矿结构，硬度仅次于金刚石。它具有非常小的摩擦系数、良好的热导率、极好的化学稳定性及高温抗氧化性（>1100℃），是一种很好的硬质涂层材料。立方氮化硼是一种有趣的Ⅲ～Ⅴ族化合物，其分子结构与金刚石类似，物理性能也与金刚石十分相似。立方氮化硼薄膜具有优异的力学、电学、光学、热学性质，并且在薄膜应用领域具有重要的技术潜力。这主要取决于其如下独特的优点。

（1）c-BN 材料具有宽的光学带隙（6.5eV）和优良的热导率，并且可掺杂为 n 型或 p 型半导体，可作为宽带隙半导体材料，用于高温、大功率、抗辐射的电子器件制造方面。

（2）高温下强的抗氧化性能（1300℃以下不易氧化），不易与铁族金属及其合金材料发生反应。

（3）CVD 方法制备金刚石薄膜通常在高温条件下进行，c-BN 薄膜可在较低的温度下（300～800℃）沉积。

（4）从红外到紫外范围内具有很好的透光性，加上本身高硬度的特点，是光学元件良好的保护涂层。

（5）很高的硬度，显微维氏硬度约为 5000kgf/mm² (1kgf = 9.80665N，下同)，仅次于金刚石，因而是超硬保护涂层的较佳选择材料。

1957 年 Wentorf 首次人工合成金刚石状 BN，在温度在 2000K 左右，压力为 11～12GPa 时，由纯六方氮化硼 (h-BN) 直接转变成立方氮化硼 (c-BN)。随后人们发现使用催化剂可大幅度降低转变温度和压力，常用的催化剂为碱和碱土金属，碱和碱土金属氮化物，碱土氟代氮化物，硼酸铵盐和无机氟化物等。目前，用高温高压法合成的 c-BN 刀具、磨具已应用于各种硬质合金材料的高速精密加工；用 c-BN 晶体已制成高温二极管和紫外发光管。虽然加催化剂可大大降低合成的 c-BN 的转变温度和压力，但所需的温度和压力还是较高，制备的设备复杂、成本高，而且由于高温高压合成的 c-BN 颗粒很小，使其研究和应用都受到了很大的限制，这就促使人们去探索 c-BN 膜的合成方法。Sokolowski 最早于 1979 年用反应脉冲结晶法在低温下制备出 c-BN 膜，所用设备简单，成本低廉并能够制备大面积薄膜，因此立方氮化硼的制备引起广泛的重视和关注，研制得到迅速发展。20 世纪 80 年代后期，随着薄膜制备技术的发展与突破，在国际上掀起了 c-BN 薄膜研究的热潮。目前，c-BN 薄膜的制备和应用研究仍是国际上材料学界研究的热点之一。

3.3.1　氮化硼的结构和性质

化合物氮化硼 (BN, boron nitride) 有四种异构体，即六角氮化硼 (h-BN：hexagonal boron nitride)；菱形氮化硼 (也可叫做三方氮化硼，r-BN：rhombohedral boron nitride)；纤锌矿氮化硼 (也叫密排六方氮化硼，w-BN：wurtzitic boron nitride)；立方氮化硼 (c-BN：cubic boron nitride)。其中，h-BN 和 r-BN 中的硼氮原子以 sp² 键键合，c-BN 和 w-BN 中的硼氮原子以 sp³ 键键合，它

们的结构如图 3-31 所示。结构参数如表 3-8 所示。由于 BN 的不同结构，使其具有不同的性质。

表 3-8　氮化硼的结构参数

名称	所属晶系	晶体结构	晶格常数/nm	杂化方式
六角氮化硼 (h-BN)	六方晶系	石墨层状结构	$a=0.25043$ $c=0.66562$	sp^2
菱形氮化硼 (r-BN)	三方晶系	石墨层状结构	$a=0.25042$ $c=0.999$	sp^2
纤锌矿氮化硼 (w-BN)	六方晶系	纤锌矿结构	$a=0.25503$ $c=0.4210$	sp^3
立方氮化硼 (c-BN)	立方晶系	闪锌矿结构	$a=0.36153$	sp^3

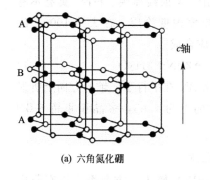

(a) 六角氮化硼

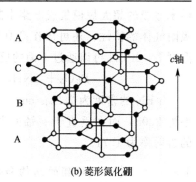

(b) 菱形氮化硼

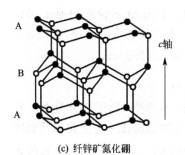

(c) 纤锌矿氮化硼

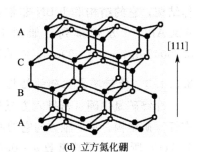

(d) 立方氮化硼

图 3-31　氮化硼的结构示意

3.3.1.1　六角氮化硼的结构和性质

六角氮化硼（h-BN）属于六方晶系，它的结构类似于石墨，具有六角网层状结构［如图 3-31(a) 所示］，每一层由 B 原子和 N 原子交替排列组成一个平面六元环，沿 c 轴方向各层原子按 ABAB …方式排列，晶格常数 $a = 0.25043$nm，$c = 0.66562$nm。层内 B、N 原子间的作用是强的 sp^2 共价键，层内 B、N 原子间的作用是范得瓦尔斯键，因而 h-BN 沿 c 轴方向键合力小，原子间距较大，层间易于滑动，是良好的润滑剂。h-BN 为白色，具有高的熔点（升华温度 $T_c = 3000℃$），能耐 2000℃的高温，是优良的高温耐火材料。h-BN 有很高的电阻率，绝缘性好，加上其物理和化学稳定性，h-BN 膜可作为电子器件中的绝缘膜。h-BN 在 X 射线及可见区域透明，因而可作为透明绝缘层用于电致发光器件，以及在制造亚纳米量级的超大规模集成电路中制作 X 射线掩膜。h-BN 具有不易吸附气体的特性，还可用作高真空室内壁涂层。在大约 1000℃的温度下，h-BN 可以通过下面的反应合成

$$B_2O_3 + 2NH_3 \longrightarrow 2BN + 3H_2O \tag{3-1}$$

h-BN 的密度为 2.28g/cm^3，h-BN 在平行于 c 轴的方向上折射率为 2.05，而在垂直于 c 轴的方向上为 1.65，多晶和非晶 h-BN 的折射率为 1.711。

3.3.1.2 菱形氮化硼的结构和性质

菱形氮化硼（三方氮化硼，r-BN）属于三方晶系，具有菱面体结构，它的结构和 h-BN 非常类似，只是沿 c 轴方向原子层以 ABCABC … 方式排列［如图 3-31（b）所示］，晶格常数 $a = 0.25042$nm，$c = 0.999$nm，它的密度为 2.276g/cm^3。

3.3.1.3 纤锌矿氮化硼的结构和性质

纤锌矿氮化硼（密排六方氮化硼，w-BN）属于六方晶系，具有纤锌矿结构，沿 c 轴方向它的原子层按 ABAB…方式排列［如图 3-31(c) 所示］，晶格常数 $a = 0.25503$nm，$c = 0.4210$nm。它的密度为 2.470g/cm^3。B、N 原子间以 sp^3 杂化方式成键，具有很高的硬度（仅次于立方氮化硼），也是一种超硬材料，可以用于切削刀具。w-BN 可以用六角氮化硼通过高温高压合成。

3.3.1.4 立方氮化硼的结构和性质

立方氮化硼（c-BN）属于立方晶系，具有闪锌矿结构，闪锌矿结构和金刚石结构一样，都是由两个面心立方晶格沿立方对称晶胞的对角线错开 1/4 长度套构而成的复式晶格。二者的不同在于，金刚石结构中的两个面心立方晶格上的原子是同一种原子，闪锌矿结构中的两个面心立方晶格上的原子是两种不同的原子。立方氮化硼的结晶学晶胞（立方晶胞）如图 3-31(d) 所示。它可以看成由面心立方单元的中心到顶角引 8 条对角线，在其中互不相邻的 4 条对角线的中点，各加一个原子而得到。立方氮化硼在 [111] 方向上，原子层以 ABCABC…方式排列 [如图 3-31(d) 所示]。和 w-BN 一样，B，N 原子间也以 sp^3 杂化方式成键。立方氮化硼 (c-BN) 是人工合成的具有多种应用前景的新型Ⅲ～Ⅴ族化合物。在立方氮化硼结构中，每个 B 原子被 4 个 N 原子包围，同样每个 N 原子被 4 个 B 原子包围。每个原子周围都有 4 个最邻近的原子，这 4 个原子分别处在正四面体的顶角上，任意顶角上的原子和中心原子各贡献一个价电子为 2 个原子所共有而形成共价键。四面体顶角上的原子可以通过 4 个共价键组成 4 个正四面体。4 个共价键以 s 态和 p 态波函数的线性组合为基础，构成了所谓杂化轨道，即以 1 个 s 态和 3 个 p 态组成 sp^3 杂化轨道为基础形成的，它们之间的夹角为 $109°28'$。

3.3.2 氮化硼的相图

人们曾把 sp^2 氮化硼-sp^3 氮化硼系统与石墨-金刚石系统进行类比，在室温和大气压下，h-BN 是热力学稳定相，而 c-BN 只有在高温高压条件下才是热力学稳定相，这就是为什么在高温高压下，h-BN 可以转化为 c-BN。近期的实验和计算表明，在室温和大气压下，c-BN 不论是热力学稳定相，还是亚稳相，要在室温低气压或高温高压下形成 c-BN，必须克服足够高的势垒，这就是为什么 c-BN 难以合成的原因之一。图 3-32 为几种 BN 相图，从中可以看出不同结构 BN 关系。

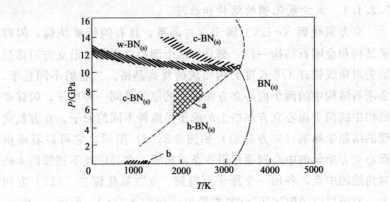

图 3-32　BN 的相关系图

3.3.3　立方氮化硼的表征

立方氮化硼薄膜的表征主要是标识立方氮化硼的质量，包括立方相（sp³ 键合）和六角相（sp² 键合）的含量。薄膜的化学配比分析手段主要有：红外谱、X 射线衍射谱（XRD）、电子能谱和电子显微镜等。

3.3.3.1　傅立叶变换红外谱（FTIR）分析

氮化硼的晶格振动模式是红外活性的，氮化硼的几种相都有其红外特征峰，所以人们通常用红外谱峰来标识氮化硼的不同相，并且利用红外谱可以计算氮化硼膜中不同相的相对含量。

六角氮化硼的红外吸收峰有两个（横光学波 TO 模式），其中一个是六角平面内的 B—N 伸长的振动模式，峰位为 $1380cm^{-1}$，另一个是六角面间 B—N—B 的弯曲振动模式，峰位为 $780cm^{-1}$。立方氮化硼在 $1065cm^{-1}$ 附近有一个红外吸收特征峰（横光学波 TO 模式），如图 3-33 所示，为几种不同基体上生长的 c-BN 薄膜的红外光谱。

Friedmann 研究表明，衬底上的 c-BN 和 h-BN 有相近的红外灵敏度因子，因此，c-BN 膜中每个组分 i（c-BN 和 h-BN）的含量 C_i 可根据如下公式计算。

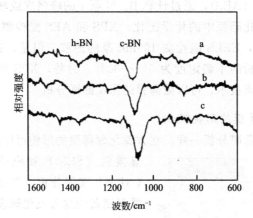

图 3-33 热丝 CVD 在相同条件下沉积在 Si、Ni
和不锈钢基体上的 c-BN 薄膜的红外光谱
a—Si；b—不锈钢；c—Ni

$$C_i = I_i / (I_{1065} + I_{1380}) \tag{3-2}$$

式中，I_{1065} 和 I_{1380} 分别表示样品红外吸收谱中 $1065\mathrm{cm}^{-1}$ 和 $1380\mathrm{cm}^{-1}$ 处的红外吸收峰的强度。

红外吸收谱中吸收峰的微小位移反映了薄膜中的应力变化，吸收峰位随着应力的增大而增大。研究表明，立方氮化硼膜中的应力每增加 $1\mathrm{GPa}$，其红外特征峰位增加 $4.5\mathrm{cm}^{-1}$。

3.3.3.2 X 射线光电子谱（XPS）分析

使用 XPS 也可以区分立方氮化硼中的立方相（sp^3 键合）和六角相（sp^2 键合）。尽管在 sp^3 键合的氮化硼和 sp^2 键合的氮化硼的 XPS 谱图中的峰位非常接近，均约为 $191\mathrm{eV}$，但是在 sp^2 键合的氮化硼的 XPS 谱图的 $198.5\mathrm{eV}$ 处有 π 键振动的伴峰，而 sp^3 键合的氮化硼没有该峰。所以，利用 XPS 可以将氮化硼的立方相（sp^3 键合）和六角相（sp^2 键合）区分开。

3.3.3.3 氮化硼膜中化学配比的确定

使用电子能量损失谱（EELS）、X 射线光电子谱（XPS）和俄歇电子能谱（AES），通过计算 B、N 原子的峰强度或峰面积之比，可以确定氮化硼膜中的化学配比。XPS 和 AES 能检测膜表面 1～5nm 的信息，EELS 能检测 100nm 厚的薄膜。但是，这些检测技术的定量分析的不确定度为 5%～30%。另外，XPS 和 AES 结合离子溅射剥离技术，可以做薄膜的深度断面分析。

3.3.3.4　薄膜的形貌观测

与其他薄膜分析一样，立方氮化硼薄膜的形貌可以用扫描电子显微镜（SEM）和原子力显微镜（AFM）观测分析。图 3-34 为射频溅射制备的立方氮化硼表面的 AFM 照片，可以清晰地看出，膜表面有明显的裂纹。图 3-35 为德国 Fraunhofer 研究所低压沉积的立方氮化硼断面的 SEM 照片，这是在 Si 基体上沉积的立方氮化硼的复合梯度膜。由图 3-35 中可以清晰地看出，近 $2\mu m$ 的膜中过渡层约 $0.5\mu m$，由 B-C-N 组成的梯度过渡，其中也有 B_4C 成分。

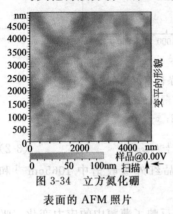

图 3-34　立方氮化硼
表面的 AFM 照片

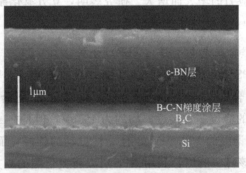

图 3-35　立方氮化硼断面的 SEM 照片

3.3.4　立方氮化硼的性质和应用

由于立方氮化硼与金刚石有类似的结构，人们通常把 c-BN

和金刚石的性质进行比较，c-BN 和金刚石的主要性质比较
见表 3-9。

表 3-9　c-BN 和金刚石的主要特性比较

性质或参数	c-BN	金刚石
晶体结构	闪锌矿	
晶格常数/nm	0.3615	0.3567
密度/(g/cm^3)	3.48	3.52
带隙/eV	>6.4	5.47
掺杂类型	p 型，n 型	p 型
折射率(589.3nm)	2.117	2.417
电阻率/Ω·cm	10^{10}	10^{16}
相对介电常数	4.5	5.58
硬度/GPa	44.1	88.2
热膨胀系数/(10^{-6}/℃)	4.7	3.1
热导率(25℃)/[W/(cm·K)]	8(多晶),13(计算)	20

　　c-BN 在硬度和热导率方面仅次于金刚石，且热稳定性极好。这一方面是因为 B-N 之间的结合具有离子性（约 22%），另一方面是由于该离子在热激发时产生稍微大的晶格自由度，提高了向 h-BN 转变所需的温度。c-BN 在大气中直到 1000℃ 也不发生氧化（金刚石在 600℃ 以上要发生氧化），在真空中对 c-BN 加热，直到 1550℃ 才发生向 h-BN 的相变（金刚石向石墨的开始转变温度为 1300~1400℃）。而且，c-BN 对于铁族金属具有极为稳定的化学性能，与金刚石不宜加工钢铁材料不同，c-BN 可广泛用于钢铁制品的精密加工、研磨等。c-BN 除具有优良的耐磨损性能之外，耐热性也极为优良，在相当高的切削温度下也能切削耐热钢、钛合金、淬火钢等。国外早有 c-BN 涂层刀具的实验报道，c-BN 膜在机械领域主要用于刀具和工具表面作为耐磨涂层。c-BN 具有超高硬度，沉积于高速钢或碳化物刀片上，可用来加工各种硬质材料。且 c-BN 膜具有高温化学稳定性和热导率，在切削过程中不易崩刃或软化，可提高加工表面的精度和光洁度。另外，c-BN 在真空中具有很低的摩擦系数，可用作太空中的固体润滑

膜。图 3-36 为德国 Fraunhofer 研究所在硬质合金基体上低温沉积的 c-BN 涂层刀具。

(a) 涂镀c-BN膜的硬质合金刀片　　　　　　(b) 刀具的加工过程

图 3-36　c-BN 涂层刀具

c-BN 的应用不仅在力学方面，在光学和电子学方面也有着广阔的应用前景，因为 c-BN 有高的硬度，并且在宽的波长范围内（约从 200nm 开始）有很好的透光性，因而很适合一些光学元件的表面涂层，特别是一些光学窗口的涂层，如硒化锌、硫化锌窗口材料的涂层。此外，c-BN 还具有良好的抗热冲击性能。

c-BN 通过掺入特定的杂质可获得半导体特性。例如，在高温高压合成过程中，添加 Be 可得到 p 型半导体，添加 S、C、Si 等可得到 n 型半导体。c-BN 的电学性质如表 3-10 所示。Mishima 等人最早报道了在高温高压下 c-BN 能够制成 p-n 结，并且可以在 650℃ 的温度下工作，为 c-BN 应用于电子学领域展现出美好的前景。作为宽带隙半导体材料，c-BN 可应用于高温、高频、大功率、抗辐射电子器件方面。高温高压下制备的 c-BNp-n 结二极管的发光波长是 215nm（5.8eV）。c-BN 具有高的热导率，具有与 GaAs，Si 相近的热膨胀系数和低介电常数，绝缘性能好，化学稳定性好，又使它成为良好的集成电路的热沉材料和绝缘涂覆层。最近，实验发现 c-BN 膜的电子亲和势也为负值（和金刚石膜类似），并获得了有效的电子发射，使 c-BN 成为冷阴极电子发射材料。

表 3-10　c-BN 的电学性质

电导率/$\Omega^{-1} \cdot cm^{-1}$	掺杂剂	导电类型	激活能/eV	晶体结构
$(1\sim5)\times10^{-3}$	Be	p	$0.19\sim0.23$	单晶
$(1\sim10)\times10^{-4}$	S	n	0.05	单晶
$10^{-7}\sim10^{-5}$	C	n	$0.28\sim0.41$	单晶
$10^{-2}\sim1^5$	Be	p	0.23	单晶
$10^{-3}\sim10^{-1}$	Si	n	0.34	单晶

3.3.5　立方氮化硼的制备方法

1979 年 Sokolowski 成功地用脉冲等离子体技术在低温低压下制备成立方氮化硼（c-BN）膜。所用设备简单，工艺易于实现，因此得到迅速发展，已出现多种气相沉积方法。这些方法可大致分为两大类：物理气相沉积法（PVD）和化学气相沉积法（CVD）。

3.3.5.1　物理气相沉积法

c-BN 薄膜的物理气相沉积方法可分为溅射沉积、离子镀和脉冲激光沉积等方法。溅射沉积法有射频溅射、直流溅射、射频磁控溅射和离子束增强溅射等。靶材为 h-BN 或 B，以氩气、氮气或二者的混合气体作为工作气体，可以制备 c-BN 薄膜。用不同的溅射设备获得 c-BN 薄膜的条件有所不同。S. Kidner 等用射频溅射方法制备 c-BN 薄膜，h-BN 为靶材，Si(100) 衬底上加以负偏压，工作气体为氩气，作为辅助离子的氮离子由 ECR 等离子体源产生。实验发现，当衬底负偏压低于 105 V 时，立方相不能形成，薄膜的成分只有六角相，当衬底负偏压高于 105 V 时，薄膜中立方相的含量相当高。Osamu Tsuda 等用射频溅射方法制备 c-BN 薄膜，h-BN 为靶材，Si(100) 衬底上加以射频偏压，纯氮作为工作气体，靶的输入功率为 2000 W，衬底偏压信号的输入频率为 $100\sim500$ W。实验发现，衬底负偏压必须高于 200 V，才能得到立方氮化硼薄膜。Dmitri Litvinov 等用离子辅助溅射，采用两步沉积方法，得到含纯立方相的氮化硼薄膜。实验是以 ECR 等离子体源产生的氮离子轰击衬底 Si(100)，衬底加热高于 1000℃并加直流负偏压。所谓两步沉积法即高偏压形核，低偏压生长，形核负偏压为 -96 V，生长偏

压为－56V。Bewilogua 等研究了溅射气体成分对射频溅射 h-BN
靶制备立方氮化硼薄膜的影响。实验结果发现，若溅射气体为纯
氩，则不能形成立方氮化硼，而溅射气体为纯氮气或由氮和氩的混
合气体时，才能有立方氮化硼膜形成。N. Tanabe 等用离子束（氩
离子和氮离子混合而成）增强溅射 B 靶，得到了较高立方相含量
的氮化硼薄膜。邓金祥等研究发现：衬底温度是立方 BN 薄膜成核
的一个重要参数；要得到一定立方相体积分数的薄膜，成核阶段衬
底温度有一个阈值，成核阶段衬底温度低于 400℃，薄膜中没有立
方相的存在；衬底温度为 400℃时，薄膜中开始形成立方相；衬底
温度达到 500℃时，得到了立方相体积分数接近 100%的薄膜，并
且薄膜中立方相体积分数随着成核阶段衬底温度的升高而增加，同
时薄膜内的压应力随成核阶段衬底温度的升高而降低，薄膜中最小
压应力为 3.1GPa，如图 3-37 所示。

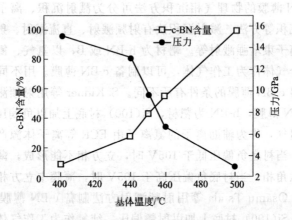

图 3-37   c-BN 薄膜中立方相与形核时基体温度的关系

　　Murakawa 等用磁场增强离子镀，在硅衬底上合成了较高含量
的立方氮化硼薄膜。他们发现立方相的形成与偏压大小有关，而且
成膜过程中必须有离子的轰击。McKenzie 等也用同样的离子镀技
术合成了立方氮化硼薄膜，并且发现立方氮化硼薄膜具有层状结
构，是由纯的 c-BN 层和纯的 h-BN 层构成的。

Doll 等最早报道了以脉冲激光沉积法 PLD 成功制备出立方氮化硼薄膜，膜厚 $100\sim120$nm，XRD 分析表明立方氮化硼薄膜内立方相的 [100] 方向与 Si 衬底表面平行，HRTEM 图像分析得到 BN(100) 面的晶面间距为 0.361nm。随后陆续有用 PLD 沉积立方氮化硼薄膜的文献报道，近几年仍有不少这方面的文献报道。Weissmantel 等用 PLD 沉积立方氮化硼薄膜，激光波长 248nm，靶材料为硼和六角氮化硼，薄膜生长过程中有氩离子束或氮离子束轰击表面。他们的实验结果表明薄膜的成分是以六角氮化硼为主还是以立方氮化硼为主，取决于激光和离子束的参数。即使在比较低的衬底温度下（如 200℃）仍能得到接近纯立方相的氮化硼薄膜。薄膜呈层状结构，衬底上首先生长一层 $5\sim10$nm 厚的非晶层，然后是 $10\sim30$nm 厚的具有高度取向的 h-BN 和 c-BN 层。Aoyama 等用 PLD 技术获得的立方氮化硼薄膜，靶材为六角氮化硼，工作气体为氩气和氮气的混合气体或纯氮气，薄膜的立方相含量达 70%。在富氮或纯氮的气氛中制得的立方氮化硼薄膜，与衬底有较好的黏附性，而在富氩的气氛中制得的薄膜黏附性较差，在纯氮的气氛中制得的立方氮化硼薄膜 5 个月后仍不脱落。Angleraud 等用氮离子束辅助 PLD 在硅衬底上沉积氮化硼薄膜，在纯氮离子束的作用下获得的薄膜的立方相含量达 80%，如果再在离子束中加入氩离子，并没有观察到立方相的明显变化。

Dmitri Litvinov 等用 ECR 等离子体辅助磁控溅射得到的立方氮化硼薄膜，厚度达 $2\mu m$，立方相含量为 100%，晶粒线度约 100nm。

3.3.5.2　化学气相沉积法

化学气相沉积法（CVD）主要是通过分解含 B、N 元素的气体或化合物来获得涂层，有时，将 CVD 中引入等离子体，又称等离子辅助 CVD，即 PACVD。根据分解方式不同，可分为：射频等离子体 CVD、热丝辅助射频等离子体 CVD、电子回旋共振（ECR）CVD 等。CVD 法所用反应气体有：B_2H_6 与 N_2、B_2H_6 与 NH_3、

BH_3-NH_3 与 H_2、$NaBH_4$ 与 HN_3、$HBN(CH_3)_3$ 与 N_2 等。这些反应物在适当的工作气压、衬底温度和偏压条件下，在衬底上生长一定含量的立方氮化硼薄膜。

热化学气相沉积装置一般由耐热石英管和加热装置组成。反应气体在加热基体表面发生分解，同时发生化学反应沉积成 BN 膜。典型的沉积温度为 $600\sim1000℃$，沉积速率为 $12.5\sim60nm/min$。反应气体一般采用 BCl_3 或 B_2H_6 和 NH_3 的混合气体，用 N_2、H_2 或 Ar 作稀释气体。发生的化学反应如下式：

$$BCl_3+NH_3\longrightarrow BN+3HCl \tag{3-3}$$

$$B_2H_6+2NH_3\longrightarrow 2BN+6H_2 \tag{3-4}$$

热化学气相沉积法制备 c-BN 时，存在氯腐蚀、排出氨气、生成氯的副产品等问题。且膜中只能获得少量 c-BN 晶体。

除了热化学气相沉积外，还有等离子体化学气相沉积法，它包括射频等离子体化学气相沉积法、微波等离子体化学气相沉积法和激光辅助等离子体化学气相沉积法等。

3.3.5.3 物理法与化学法制备 c-BN 膜的比较

无论是 PVD 还是 CVD 法制备的氮化硼薄膜大都是由 c-BN 和 h-BN 相组成的混合膜。而且，由实验得到的氮化硼膜的成分、组成与实验参数有关。为了得到含有立方相的氮化硼膜，CVD 和 PVD 一般都采取一定量的离子（或中性粒子）轰击生长氮化硼的表面，由此会导致薄膜有较大的应力。

用 PVD 制备的立方氮化硼薄膜，颗粒尺寸较小。而一般情况下，CVD 沉积的薄膜比较均匀、致密，并且容易获得定向结构的晶体生长。但是，因为 CVD 的化学反应物较复杂，反应副产物（杂质）易残留在膜中，影响膜的纯度。另外，CVD 制备的立方氮化硼膜中的立方含量较低，并且工作气体（如 B_2H_6）有毒。

3.4 CN$_x$ 膜

CN_x 薄膜的研究始于 20 世纪 70 年代，最初的动机是寻找一种耐磨损的涂层。1979 年，Cuomo 等人首次用溅射技术制备出平面聚合结构的 CN_x 薄膜。然而，CN_x 化合物真正成为全球性的研究热点，还是在 20 世纪 80 年代中期以后的事。1985 年，美国物理学家 Berkeley、大学教授 Marvin L. Cohen 研究了对共价化合物弹性模量具有普遍意义的一个经验公式

$$B(\text{GPa}) = (1971 - 220\lambda)/d^{3.5} \tag{3-5}$$

式中，B 为共价化合物的弹性模量；d 为键长；λ 为共价键的离子化程度。

由此可以看出，两种元素间共价键越短，弹性模量 B 越大。而能以共价键形成网络结构的物质中，有最短共价键的是碳氮的共价化合物（C—N 键长 0.147nm，C—C 键长 0.154nm）。若碳氮间能形成稳定的共价化合物，则其弹性模量将超过金刚石。这种共价化合物的晶体结构类似于氮化硅间共价化合物 $\beta\text{-Si}_3\text{N}_4$，因此被称为 $\beta\text{-C}_3\text{N}_4$。这是人类历史上第一次从理论上预言的一种具有超硬性能的新材料。很显然，制备这种新材料并对其性能进行研究和讨论对凝聚态物理研究、材料科学基础研究和实际应用都具有重要意义。

不久，Cohen 又从第一性原理出发，根据赝势法对总能的计算，发现 $\beta\text{-C}_3\text{N}_4$ 具有较大的聚合能和稳定的结构，因此至少能以亚稳态存在。通过第一性原理的计算，发现其弹性模量为 427GPa，与金刚石的数值相当。进一步的理论工作表明，$\beta\text{-C}_3\text{N}_4$ 除了具有高的弹性模量之外，还有许多其他的优异性能，如较宽的禁带宽度、高热导率等。后来，使用更精确的方法，全面深入地研究了碳氮间可能形成的化合物，得出了进一步的结果。Teter 和 Hemley 研究了 5 种可能的碳氮化合物，α 相、β 相、立方相、赝立方相和石墨相，其中以低体弹性模量的石墨相为最稳定。

超硬材料 $\beta\text{-C}_3\text{N}_4$ 的研究已成为国际上材料科学研究的一个热点，相信不久的将来，$\beta\text{-C}_3\text{N}_4$ 将成为新一代的切削工具和新一代

优质半导体光、电器件的介质膜材料。

3.4.1 β-C₃N₄的晶体结构

最初的理论计算仅是针对 C_3N_4 而言的，它是以 C 原子替代 Si_3N_4 中的 Si 形成的立方晶系。晶胞中每个 sp^3 杂化的 C 原子与 4 个 N 原子相连，形成稍有畸变的四面体晶格，每个 sp^2 杂化的 N 原子与 3 个 C 原子相连，在平面上形成三角形，每个 C_3N_4 以顶角相连，在空间的强键结合形成三维共价键网络。对 C—N 共价键晶体而言 β-C_3N_4 不是唯一稳定的相。近来的理论计算表明 α-C_3N_4 将比 β-C_3N_4 更稳定。而 Kouvetaski 认为氮化碳的晶格为平面晶格，定义为 p-C_3N_4，它的结构与石墨具有相似之处。这种晶格中有两类 N 原子，一类 N 原子有三个配位体，另一类只有两个配位体，而每个 C 原子都有三个配位体，因此这种晶格存在周期性的空位，形成一种类似于蜂巢的二维层状结构，在每一层中，一类 N 原子与 3 个 C 原子形成三个单键；另一类 N 原子与 2 个 C 原子形成两个共价键（一个单键和一个双键）。单元层再按特定方式堆垛，形成三维结构。

在此基础上，1994 年 Liu 用可变晶格模型分子动力学（VCS-MD）重新对 C_3N_4 进行了计算，认为其可能存在着 3 种相结构：六角晶系的 β 相结构、立方晶系的闪锌矿结构和三角晶系的类石墨结构。前两种晶系的三维 C—N 共价键网络使 C、N 原子在晶格中具有最紧密的排列，键合力很强，其体模量的计算值分别为 437GPa、435GPa，而类石墨晶格是一种平面网络，其体模量很低，仅为 0.51GPa。

1996 年，D. M. Teter 和 R. J. Hemley 又采用第一性原理赝势法，用不同的计算思路计算了氮化碳的结构，他们认为氮化碳有 5 种晶体结构，如表 3-11 中所示，分别为 α 相、β 相、立方相、赝立方相和石墨相，除后一种，其余都具有超硬材料的结构。这些碳氮化合物的计算机模拟的晶体结构示意如图 3-38 所示。

1997 年王恩哥等用热丝化学气相沉积法在 Ni（100）基体上制

备出碳氮膜，并对薄膜进行了 XRD 分析，与用第一性原理计算值
比较接近，见表 3-12。

表 3-11 C_3N_4 晶体结构的理论计算值

结构	晶系	空间群	晶格常数		原子密度	体模量	结合能
			a/nm	c/nm	/(mol/cm³)	/GPa	E/eV
α 相	六角晶系	P31C(159)	0.64665	0.47097	0.2726	425	−1598.669
β 相	六角晶系	P63/m	0.641	0.240	—	437	47.71
		P63/m	0.644	0.247	—	427	40.75
		P3(143)	0.64017	0.24041	0.2724	451	−1598.403
立方相	立方晶系	P4̄3m	0.343		—	425	46.56
		143d(220)	0.53973		0.2957	496	−1597.388
赝立方相	立方晶系	P4̄2m(111)	0.34232		0.2897	448	−1597.225
类石墨相	三角晶系	R3m	0.411		—	0.51	47.85
	六角晶系	P6̄m2(187)	0.47420	0.67205	0.1776	—	−1598.710
金刚石	立方晶系	Fd3m	0.35667		0.3007	468	

  尽管对氮化碳的结构存在着许多争议，但由于 C—N 的共价键
化合物具有小的 C、N 原子尺寸，低的 C—N 电离度以及高的配位
数其硬度应很高的特点，因此，从工业应用的角度来说，无论得到
何种相，氮化碳晶体的合成都将是一项重要的突破。

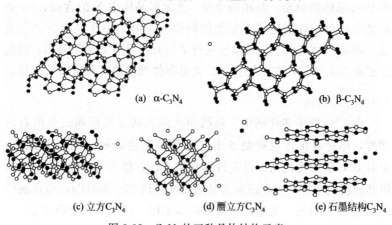

(a) α-C_3N_4 (b) β-C_3N_4

(c) 立方C_3N_4 (d) 赝立方C_3N_4 (e) 石墨结构C_3N_4

图 3-38 C_3N_4 的五种晶体结构示意

表 3-12　β-C_3N_4 的 XRD 理论值与实验值比较

hkl	d_{theo}/nm $a=0.640$ $c=0.240$	d_{cal}/nm $a=0.624$ $c=0.236$	d_{exp}/nm $a=0.624$ $c=0.236$	强度
100	0.5543	0.5404	⋯	
110	0.3200	0.3120	⋯	
200	0.2771	0.2702	0.2698	vs
101	0.2202	0.2147	0.2160	m
210	0.2095	0.2043	0.2053	s
111	0.1920	0.1872	0.1877	w
300	0.1847	0.1801	0.1794	m
201	0.1814	0.1777	0.1768	m
220	0.1600	0.1560	0.1562	m
211	0.1578	0.1544	0.1554	w
310	0.1537	0.1499	0.1511	w
301	0.1464	0.1432	0.1423	vw
221	0.1331	0.1301	0.1317	w
311	0.1294	0.1265	0.1257	vw

注：1. d_{theo} 为第一性原理的理论结果，d_{cal} 和 d_{exp} 为实验值和计算值。

2. 表中 vs，s，m，w 和 vw 分别表示很强，强，中，弱和很弱。

3.4.2　CN_x 膜的性能

CN_x 膜的性能主要与不同的制备工艺有关，在本质上决定于形成 CN_x 晶体的类型、晶相的含量，无定形晶体中 N 的含量、C—N 的结合状态。对氮化碳力学性能的研究主要集中在硬度、弹性模量。同时，对其电学、光学也进行了研究。已有的结果表明，氮化碳正如理论预言，在材料保护、光电器件领域中有着重要的应用。

3.4.2.1　硬度

在 CN_x 膜诸多性能中，最吸引人的当属其可能超过金刚石的硬度，尽管现在还没有制备出可以直接测量其硬度的 CN_x 晶体，但对 CN_x 膜硬度的研究已有许多报道。CN_x 膜大部分是无定形的，但其硬度仍很高，有报道最大显微硬度可达 62～65GPa，而且制得的 CN_x 膜很均匀、光滑，不需要后续工序，已用于工业应用中。

用不同的方法制备的 CN_x 膜硬度差别很大，用粒子束辅助电

弧沉积法制备的 CN_x 膜随 x 从 0.1 增大到 0.3，它的硬度从 25.18GPa 降低到 14.86GPa。而用磁控溅射法制备时，硬度可达 24.04GPa。Fujimoto 用 CVD 法制备 CN_x 膜的硬度为 $29.4 \sim 63.7$GPa，且膜的含 N 量对硬度有很大影响，当 $x=1$ 时，膜的硬度达到最大值，过多或过少的 N 都会使硬度降低。Li 用微压痕法研究了 CN_x 膜的力学性能，发现硬度与氮分压和基体偏压有很大关系，当氮分压从 266.4Pa 增大到 1332Pa 时，硬度从 12.5GPa 降低到 8.0GPa，而对应负偏压为 200V 时，硬度值最大。但靶的功率似乎对硬度影响不大。在 CN_x 薄膜的沉积过程中，消除薄膜中石墨相是提高 CN_x 薄膜显微硬度的途径之一，CN_x 薄膜的完满结晶状况也是提高硬度不可缺少前提。Chowdhung 研究了溅射法制备 CN_x 键态对硬度的影响，认为 C≡N 键的数量比氮含量对硬度的影响更大，因为 C≡N 形成的 π 键使其强度比 C—C、C=C、C—N 与 C=N 的键强都要弱，另外也可能是由于 C≡N 键使 C 原子的主干被中断，使 C 原子的网络结构变疏松。

3.4.2.2 耐磨损性能

　　CN_x 膜的另一个特征就是其优异的摩擦磨损性能，即良好的耐磨性和较低的摩擦系数。如 L. Dong 以 52100 钢为摩擦副，对高速钢 M2 表面溅射 CN_x 膜的样品进行摩擦磨损实验，相对于没有溅射 CN_x 膜的样品，其磨损率下降了 30%。这表明 CN_x 具有良好的耐磨性。另外，在直流非平衡磁控溅射 CN_x 膜实验中他还发现脉冲直流偏压对磨损率有很大影响，随着直流偏压的增加，磨损率从 9×10^{-6}mm^3/(N·m) 降低到 7×10^{-7}mm^3/(N·m)。另外，CN_x 膜具有较低的摩擦系数，Bhushan 用氮离子注入类金刚石膜，在类金刚石膜表面形成 CN_x 化合物，摩擦系数从 0.2 降低到 0.17。Khurshudov 比较了 CN_x 膜与用于磁盘保护的 C 膜的摩擦磨损性能，在 0.02N 的载荷下，以 Si_3N_4 为摩擦副，C 膜的摩擦系数为 $0.28 \sim 0.3$，而相同实验条件下 CN_x 的摩擦系数仅处于 $0.12 \sim 0.14$ 之间；另外 CN_x 的使用寿命比商业用的 C 膜长 3～30 倍。

3.4.2.3 电学性能

β-C_3N_4 具有半导体（或半金属）的能带特征，人们在研究用反应脉冲激光沉积法制备 CN_x（$x=0.26～0.32$）膜的电学性质时，发现膜的电导率随 N_2 分压变化，当 N 的含量达到一定值时，其电导率减少，这是因为 N 的加入破坏了石墨的对称性，加宽了能隙，加长了带尾。研究者认为，氮化碳薄膜的电学特性是由其主要组成部分——非晶态基体性质决定的。C 与 N 以短的共价键结合，非晶态中 N 原子的五个外层电子没有充分与 C 原子成键，未成键的电子对材料的电导性能起重要作用。由四探针法测得它是 n 型导电、电阻率为 $10^{-2}～10^4\Omega\cdot cm$ 的半导体，实验表明 C_2N 膜具有很高的电阻率（$10^3～10^4\Omega\cdot cm$）和热导率，而且随温度的升高，电阻减少。研究者还发现，以 CH_4、N_2 为原料气体，用 RF-PECVD 制备 CN_x 的导电性受到 C、N、H 的结合状态以及膜中缺陷的影响，它不是由键导电而是跃迁导电。在薄膜的生长过程中，离子的轰击将提高膜的导电性。

3.4.2.4 光学性质

β-C_3N_4 材料的光学性质也是研究的一个重要方面，在对用 CH_4 和 N_2 在等离子体气氛中分解制得的非晶 CN_x 膜研究发现，随着 N 含量的增加，膜的透射率减少。Lee 等研究了用离子束与激光烧蚀相结合的办法制得的非晶态 CN_x 膜的光学特性，试验发现膜的折射率、湮灭系数及光学能带受合成工艺条件的影响，特别需要指出的是随着离子束流强度的提高，折射率 n 与光学能带隙的收缩明显减小。Wang 等对用离子辅助电弧沉积和磁控溅射两种方法制备的 CN_x 膜的光学性质进行了研究，发现膜的折射率和反射率随 N 的增加而减小，而湮灭系数无大的变化。如在膜中加入 H 则膜变得更加透明。在磁控溅射方法中，反应气体总压强和施加衬底偏压对膜的光学性质没有影响，而溅射功率对其有重要影响，膜中石墨相含量的增加将会使折射率下降。

3.4.3 CN$_x$膜的结构分析与表征

CN$_x$薄膜的显微结构可以通过 TEM 和 SEM 观察分析，晶体结构可采用 XRD 和 HRTEM 分析，C—N 键振动态可以通过 FTIR 和 RS 检测，成分分析可以用 AES 和 EDX，元素化学态可以通过 XPS 和 EELS 分析。

3.4.3.1 CN$_x$晶体结构的分析

对所制备的氮化碳样品进行晶体结构分析是氮化碳研究的重要内容。目前，用各种方法制备的氮化碳样品大部分为非晶样品，只有少数实验样品观察到多晶的存在，并且晶体数量较少，形核密度非常低。

氮化碳相的结构分析较复杂，要确定氮化碳这个新相，仅根据 XRD 的 2～3 根谱线与氮化碳的理论值相符是不够严谨的。在进行物相分析时，必须采用多种检测手段互相验证，才能得到可靠的结果。

氮化碳没有大然的标样，要获得包括所有强线的全谱，只能依赖于计算机模拟。最近 S. Matsumoto 等人，根据 Teter 和 Hemleyts 提供的氮化碳五种可能结构的晶格常数和结构参数，采用 RIETAN 软件包，计算了这五种氮化碳单相的 X 射线的全谱，这为我们的鉴定工作带来了很大的方便。S. Matsumoto 的计算结果表明，大部分 α-C$_3$N$_4$ 和 β-C$_3$N$_4$ 相的 XRD 谱线是重合的，这就是说，在物相分析时分析某谱线是属于 α-C$_3$N$_4$ 相还是 β-C$_3$N$_4$ 相的意义不大。

α-C$_3$N$_4$ 和 β-C$_3$N$_4$ 晶体结合能很接近，所以合成 CN$_x$ 薄膜时必然出现竞相生长，导致晶粒很难长大，目前文献报道的最好结果为微米量级。

3.4.3.2 CN$_x$薄膜的成分分析

目前制备的 CN$_x$ 薄膜的 N/C 常常低于理论值，现在已有一些研究小组能把薄膜中总的 N/C 提高到理论值 1.33 附近。影响 N/C 偏离 1.33 的因素除制备方法外，还有如下原因：

（1）衬底元素向膜层的扩散，衬底温度越高，薄膜中衬底元素的浓度越高。

（2）N、C 都是轻元素，不少成分分析手段不能分析原子序数小于 10 的元素，而采用的手段，如 XPS、RBS、AES 和 EDX 等测量精度都比较差。XPS 为 CN_x 薄膜成分分析使用最多的方法，已经有很多 XPS 的数据发表。

3.4.3.3　CN_x 薄膜的 FTIR 分析

测试 CN_x 薄膜的红外吸收光谱（FTIR）可以得到薄膜中含有的特征化学键或原子团的信息。同时通过分析谱峰的相对强度，可以对各种基团进行定量分析。

因为 C、N 原子的相对原子质量很接近，C—C 键和 C—N 键、C=C 键和 C=N 键、C≡C 键和 C≡N 键的键长与偶极矩也都分别很接近，因此它们的振动频率范围是叠加在一起的，如果测试结果出现叠加时，吸收峰到底是由 C—C 键引起的还是由 C—N 键引起的，就要结合其他测试手段来判断。

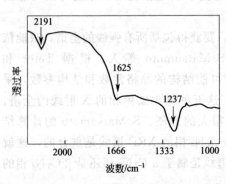

图 3-39　CN_x 膜的红外吸收谱

采用偏压辅助热丝 CVD 法，通入 CH_4 和 N_2 在 Si 基体上沉积 CN_x 薄膜硬度为 72.66GPa。采用红外和 XRD 进行了分析，对于 β-C_3N_4：$a=0.628nm$，$c=0.237nm$。对于 α-C_3N_4：$a=0.637nm$，$c=0.465nm$。测得 CN_x 薄膜的 3 个红外吸收峰（见图 3-39）$2191cm^{-1}$，C≡N 键；$1625cm^{-1}$，C=N 键；$1237cm^{-1}$，C—N 键。

3.4.3.4　CN_x 薄膜的 Raman 光谱测试

CN_x 薄膜的 Raman 谱可以判断薄膜中存在的化学键，以获得

C_3N_4结构方面的信息。由于目前尚未合成纯晶相氮化碳薄膜，C—N薄膜中都含有石墨相，特别是石墨相含量较大时，样品的颜色接近黑色。而 Raman 谱测量的是样品的发射信号，当样品的颜色较深时，样品对光信号有强烈的吸收，对这种样品无法准确测定 Raman 光谱。因此，只有对无石墨相氮化碳的薄膜测试才有价值。

3.4.4 CN_x 的制备方法

早期常用的方法有高温高压热解含氮的有机物，但未获得成功。后来，人们借鉴金刚石膜合成的成功经验，采用了各种非平衡手段（如气相沉积）取得了一些进展。合成 CN_x 膜的气相沉积方法主要有反应溅射法、化学气相沉积法、激光等离子体沉积、激光烧蚀和离子注入等方法。目前，大多数工艺制得的氮化碳膜都是无定形的结构，部分实验结果发现少量 CN_x 的微细晶粒镶嵌在无定形的基体上。也有一些科学家宣称合成了纯晶态的 C_3N_4 薄膜，但没有具体的性能指标，而且实验结果还有待于进一步证实。

Xu 等用两台对放的、有可变磁场围绕的微波 ECR 放电室，在放电室中生成高电离等离子体。使用这个系统的优点在于能够将不需要的微粒过滤，使合成薄膜的氮碳比率更接近 C_3N_4，主要有 C—N 单键形成。

有文献报道，为了增加薄膜的形成，在衬底上加 $-200V$ 的偏压，并在 2.0Pa 的 Ar 气中盘绕 100W 射频器处理 20min。结果薄膜包含了 sp 和 sp^2 杂化的碳氮键，高电离的磁等离子体和诱导装置的存在增强了薄膜的沉积率。Kaltofen 等人研究了低能离子轰击对射频磁溅射合成碳氮薄膜的影响，结果表明，氮离子取代碳离子，在强烈的离子轰击中沉积了 CN_x 薄膜。轰击离子流激活了氮原子的解吸附作用，并在增长的薄膜表面产生水的致污物和在增长的薄膜中不引起强壮碳键的聚集。Kobayashi 等运用反应离子束溅射技术，当离子能量在 $0.6\sim1.0keV$ 辐射到靶上时，有无定形的 CN_x 膜产生。

由于溅射法的一些局限性，如基片温度较低等，使得 CN_x 晶粒的生长受到一定的限制。而 CVD 可以克服这方面的困难。其中等离子体辅助化学气相沉积是最常用的方法，它使原料气体 N_2、NH_3 以及 CH_4、CO、C_{60}、C_2H_2 等成为等离子体状态，变成化学上非常活泼的激发分子、原子、离子和原子团等，从而促进 CN_x 晶体的形成。化学气相沉积的方法常用的有：射频等离子化学气相沉积、微波等离子化学气相沉积和热丝化学气相沉积等。

射频等离子体化学气相沉积（RF-PECVD）是最早用来制备 CN_x 膜的 CVD 方法。在 RF-PECVD 中，射频功率的提高和气压的降低都将导致自偏压的升高，从而提高离子的能量及其对基片的轰击，而且可降低膜中 H 的含量。制得的膜具有高的电导率和高的硬度。

Bhusar 采用 MW-PECVD 方法，微波功率为 $2500\sim3500\,W$，基体温度为 $1000\sim1200\,℃$，用 CH_4、H_2 和 NH_3 作为反应气体，在 Si 基体上合成了含 Si 的 CN_x 膜，N 的含量高达 50%，Si 的介入与高的基片温度促进了大晶粒的形成，这是因为 Si 的作用一方面促进 CN 网络的形成。另一方面，Si 注入晶态 CN 网络中取代部分 C 的位置，与 N 桥接，使晶态 CN 网络的结构更加稳定。

中国科学院物理所的王恩哥用偏压辅助 HF-PECVD 系统，以高纯 N_2 和 CH_4 为反应气体，并在衬底上施加负偏压，使热丝和衬底之间形成一个稳定的等离子体区，获得了具有 α-C_3N_4、β-C_3N_4 混合相的纯晶态膜。也有人同样采用偏压辅助 HF-PECVD，灯丝温度为 $2100\,℃$，基片温度为 $750\sim950\,℃$，气压为 $0.5\sim15\,Torr$，合成了含 α-C_3N_4、β-C_3N_4、四方相和单斜相的 CN_x 晶体的晶态膜。

中国科学院上海冶金所的朱光平用 $100\,keV$ 高剂量 N^+ 在不同的温度条件下注入 C 膜，成功地合成了包含 $C\equiv N$ 共价键的氮化碳 CN_x，但这种膜也只包含少量纳米氮化碳晶粒。也有用氮离子注入法在石墨表面制备 CN_x 膜，采用能量为 $0.5\sim2.0\,keV$ 的 N 离子束以 $60°$ 角射向石墨表面。同时，在轴向加一能量为 $2\,keV$、电流为 $3\,\mu A$ 的高能量电子束轰击石墨，N 原子注入石墨表面形成 CN_x 层，当 N 离子能量为 $500\,eV$，石墨衬底温度为 $500\,℃$ 时，大部分形成与 β-C_3N_4 类似的、高结合能的 C—N 键。

3.4.5 CN$_x$薄膜的应用

由于 β-C$_3$N$_4$ 的硬度可与金刚石相当,因而其有作为超硬膜的广泛应用前景。另外,由于氮化碳化合物具有高的德拜温度,可使其成为极好的热导体,可用于短波长光电二极管上散热性能良好的衬底材料。Chohen 等人计算得到的 β-C$_3$N$_4$ 的间接带隙为 6.4eV,其最小直接带隙为 6.75eV,可作为一种优质的高温半导体材料,因 β-C$_3$N$_4$ 没有对称中心,加上其具有的许多特性,很可能是一种优异的非线性光学材料,若用于激光器上将能得到一种很高的激光材料。

目前,β-C$_3$N$_4$ 薄膜的研究已成为国际上材料科学研究的热点之一。由于它的高硬度,在超硬涂层方面也展现出良好的应用前景。吴大维和于启勋等都对氮化碳涂层刀具进行了试验并取得了良好的效果。其中,吴大维采用镀氮化碳涂层的高速钢麻花钻进行了金属切削试验。试验条件如下。工件材料:38CrNi3MoVA 高强度钢,调质硬度:36~40HRC,钻孔深度:10mm,切削方式:盲孔,干切,钻床转速:600r/min,给进量:0.13mm/r,切削用量:3mm。

图 3-40 为试验磨损曲线,实线为麻花钻左刃磨损曲线,虚线为右刃磨损曲线。曲线表明,刃口磨损量均为 0.3mm 时氮化碳涂层麻花钻的钻孔数是未涂层钻头钻孔数的 10 多倍,比氮化钛涂层麻花钻也有明显提高。氮化碳涂层麻花钻具有很强的耐磨性能,使用该涂层刀具可大大提高使用寿命。

3.4.5.1 氮化碳涂层刀具干切削硅铝合金

杨海东等采用直流反应溅射在 YT15 硬质合金上沉积氮化碳涂层,并进行了刀具干切高硅铝合金和淬火钢的试验。

试验条件:干式切削,被加工工件:汽车活塞,材料:共晶铝硅合金(ZL108,牌号 ZALSi12Cu2Mg1),对比刀具:金刚石涂层刀具及 YG6 硬质合金刀具。切削参数:$V_c = 400$m/min,$a = 0.4$mm,$f = 0.1$mm/r,试验指标:表面粗糙度数值和刀具寿命。试验结果如下。

(1) 表面粗糙度:金刚石涂层为 $R = 0.64\mu m$,氮化碳涂层为

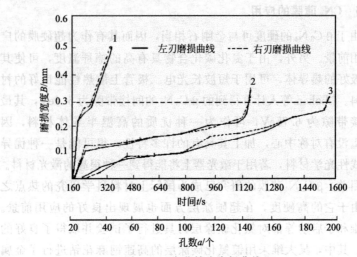

图 3-40 麻花钻头磨损曲线
1—无涂层钻头；2—TiN 涂层钻头；3—CN$_x$ 涂层钻头

$R=0.78\mu m$，YG6 硬质合金为 $R=0.90\mu m$；

（2）氮化碳涂层刀具的寿命和金刚石涂层相当，是 YG6 硬质合金的 10 倍以上。

在试验中发现，氮化碳涂层刀具对铝合金的抗粘接性能优于金刚石涂层刀具。

3.4.5.2 氮化碳涂层刀具干切削淬火钢

试验条件：干式切削，被加工件材料：淬火态 45 碳钢，硬度：54HRC，对比刀具为未涂层 YT15 硬质合金刀具。试验中，切削速度达到 90m/min 时，YT15 刀具无法工作，因此，对比试验选取两组：$V_c=60m/min$，$f=0.1mm/r$，$a_p=0.4mm$；$V_c=40m/min$，$f=0.1mm/r$，$a_p=0.4mm$。试验结果：$V_c=60m/min$ 时，YT15 工作 9min 后 $V_B=0.33mm$，氮化碳工作 15min 后 $V_B=0.32mm$；当 $V_c=40m/min$ 时，YT15 工作 12min 后 $V_B=0.5mm$，氮化碳工作 30min 后 $V_B=0.32mm$。图 3-41 为两组试验磨损曲线。从以上试验结果看，氮化碳涂层刀具明显优于未涂层刀具。

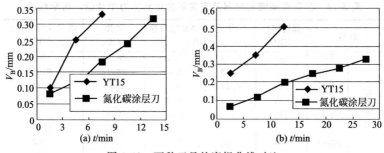

图 3-41 两种刀具的磨损曲线对比

3.5 氮化物、碳化物、氧化物薄膜及复合薄膜

3.5.1 概述

    硬膜材料一般是用于提高基体表面的耐磨性能（或耐蚀性能）的膜层。而所谓超硬膜一般是指硬度较高的硬膜。关于超硬膜的定义并不严格，一般认为，硬度在 2000HV 以上的硬膜材料可以称为超硬膜。德国 Munich 技术大学的 S. Veprek 教授建议，硬度大于 4000HV 的硬膜称为超硬膜。除了上面几节介绍的金刚石膜、类金刚石膜、c-BN 膜和 β-C_3N_4 膜外，还有氮化物、碳化物及氧化物、硼化物等薄膜材料。表 3-13 给出了以上主要硬质膜材料的种类。

表 3-13　各种硬质镀层材料

分类	镀层物质	分类	镀层物质
碳化物	TiC，VC，TaC，WC，NbC，ZrC，MoC，UC，Cr_3C_2，B_4C，SiC	硅化物	TiSi，MoSi，ZrSi，USi
		氧化物	Al_2O_3，SiO_2，ZrO_2，Cr_2O_3
氮化物	TiN，VN，TaN，NbN，ZrN，HfN，ThN，BN，AlN	合　金	Ta-N，Ti-Ta，Mo-W，Cr-Al
		金　属	Cr，其他
硼化物	TiB，VB_2，TaB，WB，ZrB，AlB，SiB		

    表 3-14 为某些硬质膜材料及相关基体材料的力学、热学性能。这些硬质涂层主要涂覆在高速钢、硬质合金刀具、模具上来提高其表面硬度、改善耐磨性能，它们对使用寿命的提高非常明显，并且已应用于实际生产中。

表 3-14　某些典型镀层材料及有关基体材料的力学性能、热学性质

材料		弹性模量/GPa	泊松比	热膨胀系数/(10^{-6}/℃)	硬度/GPa	熔点或分解温度/℃
硬质镀层	TiC	450	0.19	7.4	28.42	3067
	HfC	464	0.18	6.6	26.46	3928
	TaC	285	0.24	6.3	24.5	3983
	WC	695	0.19	4.3	20.58	2776
	Cr_3C_2	370		10.3	12.74	1810
	TiN			9.35	19.6	2949
	Al_2O_3	400	0.23	9.0	19.6	2300
	TiB_2	480		8.0	33.03	2980
基体	94WC (−6℃)	640	0.26	5.4	14.7	
	高速钢	250	0.30	12~15	7.84~9.8	
	Al	70	0.35	23	0.294	658

　　一般把这些硬质材料归为陶瓷材料，根据其原子之间的结合特征分成金刚石键、共价键和离子键三种，其相应的性能分别见图 3-42、表 3-15 和表 3-16。

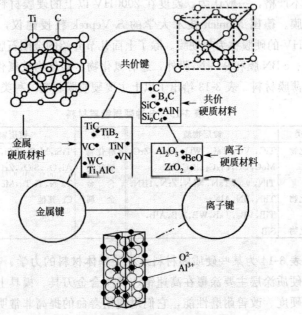

图 3-42　陶瓷材料的典型结构和键合种类

表 3-15 金属键硬质材料的性能

相	密度 /(g/cm³)	熔点 /℃	维氏硬度 /GPa	弹性模量 /GPa	电阻率 /μΩ·cm	热膨胀系数 /(10⁻⁶/℃)
TiB_2	4.50	3225	29.4	560	7	7.8
TiC	4.93	3067	27.44	470	52	8.0~8.6
TiN	5.40	2950	20.58	590	25	9.4
ZrB_2	6.11	3245	22.54	540	6	5.9
ZrC	6.63	3445	25.09	400	42	7.0~7.4
ZrN	7.32	2982	15.68	510	21	7.2
VB_2	5.05	2747	21.07	510	13	7.6
VC	5.41	2648	28.42	430	59	7.3
VN	6.11	2177	15.23	460	85	9.2
NbB_2	6.98	3036	25.48	630	12	8.0
NbC	7.78	3613	17.64	580	19	7.2
NbN	8.43	2204	13.72	480	58	10.1
TaB_2	12.58	3037	20.58	680	14	8.2
TaC	14.48	3985	15.19	560	15	7.1
CrB_2	5.58	2188	22.05	540	18	10.5
Cr_3C_2	6.68	1810	21.07	400	75	11.7
CrN	6.12	101	10.78	400	640	(23)
Mo_2B_5	7.45	2140	2.30	670	18	8.6
Mo_3C	9.18	2517	16.27	540	57	7.8~9.3
W_2B_5	13.03	2365	26.46	770	19	7.8
WC	15.72	2776	23.03	720	17	3.8~3.9
LaB_6	4.73	2770	24.8	(400)	15	6.4

表 3-16 共价键硬质材料的性能

相	密度 /(g/cm³)	熔点 /℃	维氏硬度 /GPa	弹性模量 /GPa	电阻率 /μΩ·cm	热膨胀系数 /(10⁻⁶/℃)
B_4C	2.52	2450	39.2	441	0.5×10^4	4.5(5.6)
立方 BN	3.48	2730	约 49	660	10^{18}	
C(金刚石)	3.52	3800	约 78.4	910	10^{20}	1.0
B	2.34	2100	26.46	490	10^{12}	8.3
AlB_{12}	2.58	2150	25.48	430	2×10^{12}	
SiC	3.22	2760	25.48	480	10^5	5.3
SiB_6	2.43	1900	22.54	330	10^7	5.4
Si_3N_4	3.19	1900	16.86	210	10^{18}	2.5
AlN	3.26	2250	12.05	350	10^{15}	5.7
Al_2O_3	3.98	2047	20.58	400	10^{20}	8.4

续表

相	密度 /(g/cm³)	熔点 /℃	维氏硬度 /GPa	弹性模量 /GPa	电阻率 /μΩ·cm	热膨胀系数 /(10⁻⁶/℃)
Al_2TiO_3	3.68	1894		13	10^{14}	0.8
TiO_2	4.25	1867	10.78	205		9.0
ZrO_2	5.76	2677	11.76	190	10^{16}	11(7.6)
HfO_2	10.2	2900	7.64			6.5
ThO_2	10.0	3300	9.31	240	10^{16}	9.3
BO	3.03	2550	14.7	390	10^{23}	9.0
MgO	3.77	2827	7.35	320	10^{12}	13.0

　　从图 3-42 和表 3-1、表 3-16 中可以得到这三种硬质材料的一些规律：①共价键材料具有最高的硬度，如金刚石、c-BN、β-C_3N_4 等。②离子键材料具有较好的化学稳定性。③金属键材料具有较好的综合性能。

　　过渡金属的氮化物、碳化物和硼化物在超硬材料中占有重要地位。表 3-17 和表 3-18 为这三种材料的性能比较。在实际应用中，可以根据具体使用要求，利用这些图表和有关相图来选择合适的材料和基体。

表 3-17　三种硬质材料的比较

项目		增加 ⟶	
硬度	I	M	C
脆性	M	C	I
熔点	I	C	M
热膨胀系数	C	M	I
稳定性($-\Delta G$)	C	M	I
膜/金属基体结合	C	I	M
交互作用趋势	I	C	M
多层匹配性	C	I	M

注：I—离子键；C—共价键，M—金属键。

表 3-18　氮化物（N）、碳化物（C）和硼化物（B）性能比较

项目		增加 ⟶	
硬度	N	C	B
脆性	B	C	N
熔点	N	B	C
热膨胀系数	B	C	N
稳定性($-\Delta G$)	B	C	N
膜/金属基体结合	N	C	B
交互作用趋势	N	C	B

3.5.2 氮化物薄膜

按照 Haegg 规则，过渡族金属碳化物、氮化物、硼化物以及氢化物等的结构是由间隙元素的原子半径 r_x 和过渡族金属原子半径 r_{me} 之比（$r = r_x / r_{me}$）决定的。如果 $r < 0.59$，则会形成简单结构，如 NaCl 结构或简单立方结构；如果 $r > 0.59$，过渡族金属原子和间隙原子会形成非常复杂的结构，其单位晶胞所含的原子可达 100 个。对于氮化物来说，几乎所有过渡族金属都满足 Haegg 规则，形成简单结构。Ⅳ族和Ⅴ族氮化物具有 B1-NaCl 结构（TiN，ZrN，HfN 和 VN），或者具有六方结构（NbN 和 TaN）。

在过渡族金属氮化物中，特别对Ⅳ族金属（Ti、Zr 和 Hf）氮化物的镀层研究得比较充分，并且已得到广泛运用。其应用领域包括用于刀具、模具的耐磨保护膜及装饰、用于太阳能吸收的光学膜以及用于集成电路的扩散阻挡层等。

3.5.2.1　TiN 薄膜

Ⅳ族过渡金属元素 Ti, Zr 的氮化物，如 TiN, ZrN 具有熔点高、硬度高、化学惰性和良好的导电性以及摩擦系数小、抗腐蚀能力强等优点。TiN 薄膜不但在刀具、模具等工具上已有应用，而且在半导体领域的扩散障碍和光学膜以及装饰膜等都有广泛的用途。

TiN 相具有面心立方 NaCl 结构，在符合化学计量比时，点阵常数为 4.240Å(1Å = 0.1nm，下同)，而过计量和欠计量的膜层中点阵常数都会降低。TiN 密度为 $5.2g/cm^3$，熔点为 2950℃，线膨胀系数 $9.3 \times 10^{-6} mm/℃$。TiN 的颜色呈金黄色，但有时因制备方法和 Ti/N 不同颜色略有差异。根据制备工艺不同，TiN 薄膜的显微硬度可在 HV1500~2500 之间，干摩擦系数为 0.20（高速钢为摩擦副），耐氧化温度可达 500~600℃。

单相 TiN 膜存在两种情形，若过化学计量比，即 N/Ti > 1 时，膜层具有较低的硬度；若欠化学计量比，即 N/Ti < 1 时，尽管数据分散性较大，但膜层还是显示出极高的硬度值。据报道，在 N/Ti 值接近 0.6 时，膜层硬度可达 HV4000，而有相同组分的块体

状材料的硬度仅为 HV1100，二者之间形成鲜明的对照。欠化学计量比膜层的高硬度也可以表现为膜层中的本征应力水平。由 PVD 法沉积的 TiN 膜通常处于压应力状态，已经测量出其应力高达 10^{10} Pa。这种应力的存在通常由晶格常数的增加来证实。据多数的报道，符合化学计量比的膜层，晶格常数为 4.25Å（N/Ti=1.0 的块体材料，晶格常数为 4.24Å）。

由于 CVD 法沉积温度高（900～1100℃），最常使用的基体材料是硬质合金。在 1000℃左右的温度下，在硬质合金基体上沉积 TiN 膜层时，一般会形成由碳氮化物组成的界面区，这是由于碳从基体中扩散到界面区所致。若在膜生长过程中增加气压，可以避免这一现象的发生。较高的气压会加快膜层的生长，并有利于形成更加明显的柱状结构。如果用 NH_3 代替 N_2，还可以获得更细的晶粒。

TiN 膜的制备方法一般有物理气相沉积（PVD）和化学气相沉积（CVD）及等离子化学气相沉积（PCVD）等方法。用物理气相沉积（PVD）制备 TiN，一般采用溅射法和离子镀膜法。TiN 的特性如表 3-19 所示。

表 3-19　TiN 的特性

晶体结构	密度/(g/cm³)	熔点/℃	硬度 H_V	E_f/GPa	线膨胀系数 α_f/(10^{-6} mm/℃)
NaCl	5.2	2950	2000～2500	230～640	9.3

溅射法是通过辉光放电产生高能离子（一般为 Ar^+）溅射金属钛靶，产生的钛原子和离子再与通入反应室的氮气反应在基体上生成 TiN 薄膜。溅射设备一般有二极溅射、三极溅射、四极溅射、磁控溅射和射频溅射等。离子镀膜是将金属钛源用电子束、离子束加热蒸发与产生辉光放电的氮气进行反应在基体上沉积 TiN 薄膜。

$$TiCl_4 + 1/2N_2 + 2H_2 \Longrightarrow TiN + 4HCl \qquad (3-6)$$

化学气相沉积（CVD）制备 TiN 薄膜需选用具有一定饱和蒸气压的钛源，如无机钛源四氯化钛（$TiCl_4$），使含钛化合物蒸气进入反应室与氮气或氨气在高温（1000℃）下进行化学反应，如式(3-6)所示，在基体上生成 TiN 薄膜。等离子化学气相沉积

（PCVD）制备 TiN 薄膜是将等离子引入反应室，使含钛化合物蒸气与氮气在辉光放电下进行电离然后进行化学反应在基体上生成 TiN 薄膜。等离子化学气相沉积氮化钛可以将反应温度从 1000℃降到 600℃以下，甚至更低，使本来 CVD 不能镀的基体可以镀了。如高速钢（HSS）其回火温度在 570℃左右，若用一般 CVD 沉积 TiN 会使基体退火变软，即使要用也要进行二次热处理，这样既复杂又影响精度，而 PCVD 则可达到在其表面沉积 TiN 的目的。所以 PCVD 扩大了 CVD 的应用范围，简化了 CVD 的工艺。

不同沉积工艺制备的 TiN 膜的择优取向是不同的，如图 3-43 所示，采用 PCVD，PVD 和 CVD 三种不同的沉积技术在高速钢基体上沉积 TiN 的择优取向分别是（200）晶面，（111）晶面和（220）晶面。在 PVD 条件下所沉积的 TiN 是（111）织构。这是因为（111）面是面心立方结构的 TiN 的密排面，具有最低表面能。用直流、射频或微波 PCVD，在不同基体上沉积 TiN，都得到（200）织构。这可能是因为 PCVD 法沉积的 TiN 膜中的氯含量较高，可能会影响（200）晶面的表面能。另外，基体温度是影响膜层沿何种方向择优生长的主要工艺参数。基体温度影响到达基体表面的原子或离子的扩散速率和到达率以及离子能量和运动速度。直流 PCVD 沉积的 TiN 一般为柱状晶，如图 3-44 所示。

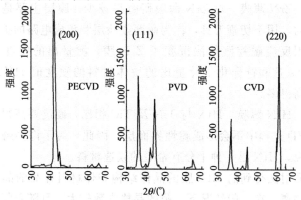

图 3-43　不同方法的气相沉积 TiN 薄膜的晶体择优取向

TiN 用于高速钢刀具的镀膜层较为理想，作为超硬膜，TiN 主要应用于刀具、模具等工具表面。目前，使用 TiN 涂层刀具有高速钢刀具，如钻头、车刀、铣刀、插齿刀、滚齿刀、丝锥等，使用 TiN 涂层的模具，如各种高速钢的冲头等。另外，还有硬质合金 WC 刀具，如钻头、铣刀、各种机夹可转位刀片等，这些工具、模具经过涂覆 TiN 涂层后可以提高其表面硬度增加其强度和耐磨性达到延长使用寿命的目的。

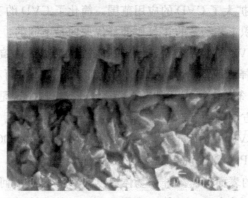

图 3-44　PCVD 在 HSS 基体上沉积 TiN 膜（沉积温度 560℃）

3.5.2.2　其他氮化物薄膜

（1）ZrN 薄膜　对 ZrN 薄膜研究得较少。膜层主要是由溅射法制取的，用于切割刀具，作为耐磨损涂层和集成电路的扩散阻挡层等。用反应磁控溅射法沉积了 ZrN 膜，测量出的硬度大约为 HV2000，这和符合化学计量比的块体材料的硬度值 HV1500 相比，要高得多。

（2）HfN 薄膜　HfN 与 TiN 及 TiC 相比，硬度要高得多，而且在 CVD 过程中不会形成脆性界面层，因此，对于许多磨损应用场合来说，HfN 是一种十分有希望的候选材料。

由溅射法得到的 HfN 膜的晶体结构和体材料样品的晶体结构会发生偏离，在一般情况下，膜的晶格常数较大，且随着氮含量的增加而增加，（111）面的面间距增加，这一点与体材料和用 CVD

法沉积的薄膜有所不同。

由 PVD 法沉积的 HfN 的硬度在 HV2500～3500 之间，比体材料的硬度（HV1600）要高。由 CVD 法沉积的膜层硬度与体材料硬度接近。

（3）CrN 薄膜　CrN 是 Ⅵ 族过渡金属氮化物，经常应用于耐磨损研究。在 Cr-N 系统中存在着两个氮化物相，即 Cr_2N（六方结构）和 CrN（B1-NaCl 结构），和 Ⅳ、Ⅴ 族氮化物相比，Ⅵ 族金属与氮之间的反应活性较低，因此生成氮化物较困难。对于 Cr 和 N 的情况，一般会得到由 Cr 和 Cr_2N 组成的两相薄膜。

Komiya 等使用空心阴极离子镀得到了这两相薄膜。膜的晶粒尺寸从 $T_S=370℃$ 的 25nm，到 $T_S=760℃$ 的 70nm。尽管晶粒尺寸不同，但硬度基本保持不变，大约为 HV2200，真空退火后硬度有所增加，最高硬度可达 HV3540。用反应磁控溅射制备了 Cr＋Cr_2N 的两相膜和 CrN 单相膜。这两种膜的硬度为 HV2000～2500 范围内，比体材料 CrN 的硬度（HV1100）高得多。

另外，还有 BN、Si_3N_4 等氮化物，BN 是很好的硬膜材料，在前面已经详细描述过，Si_3N_4 也是很好的耐磨材料和介电材料，在此就不再叙述。

3.5.3　碳化物薄膜

常用的 Ⅳ 族过渡金属的碳化物有 TiC、ZrC 和 HfC。另外，还有 Ⅴ 族的 VC、NbC 和 TaC，Ⅵ 族的 Cr-C、Mo-C 和 W-C，以及硼和硅的碳化物等。这些材料的结构也与相应的氮化物相类似，Ⅳ 族为一碳化物，Ⅴ 族为 B1-NaCl 结构，而 Ⅵ 族碳化物具有相当复杂的结构。碳化物的硬度一般高于相应的氮化物的硬度，这是由于碳化物有更加明显的共价键所致。

3.5.3.1　TiC 薄膜

TiC 具有熔点高、硬度高、化学惰性和良好的导电性。TiC 的结构为面心立方 NaCl 结构，如图 3-45 所示。TiC 的密度为 $4.9g/cm^3$，熔点为 3180℃，线膨胀系数为 $7.61×10^{-6}mm/℃$。

TiC 的颜色呈银灰色，但有时因制备方法和 Ti/C 不同颜色略有差异。TiC 薄膜的显微硬度一般在 2980～3800HV。

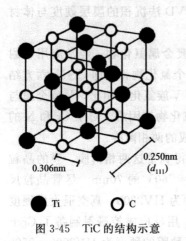

0.250nm
(d_{111})

0.306nm

● Ti   ○ C

图 3-45   TiC 的结构示意

在 20 世纪 50 年代开始出现由化学气相沉积法（CVD）沉积的 TiC 薄膜，60 年代后期，TiC 薄膜制备工艺已日益成熟，TiC 镀层的硬质合金刀具开始投入市场，人们对 TiC 用于耐磨损镀层发生极大的兴趣，当时几乎所有的 TiC 镀层都是由 CVD 法制取的。后来，TiC 膜的制备方法又有了物理气相沉积（PVD），在化学气相沉积（CVD）基础上发展的等离子化学气相沉积（PCVD）等。用 CVD 沉积 TiC 薄膜与沉积 TiN 相似，选用具有一定饱和蒸气压的钛源，如无机钛源四氯化钛（$TiCl_4$）和甲烷（CH_4）等含碳气体在高温（900℃）下进行化学反应，如式（3-7）所示，在基体上生成 TiC 薄膜。若采用等离子化学气相沉积（PCVD）制备 TiC 薄膜可将反应温度从 900℃降到 600℃以下（图 3-46），甚至在更低的温度下沉积。TiC 作为超硬膜主要应用于刀具、模具等工具表面以提高其表面硬度、增加其强度和耐磨性达到延长使用寿命的目的。TiC 通常用于金属成型工具，如冲头及拉伸、挤压滚轧、螺丝滚压、成型模具等。

$$TiCl_4 + CH_4 === TiC + 4HCl \qquad (3-7)$$

TiC 薄膜中的碳由甲烷或用其他类型的碳氢化合物提供，如果使用的基体中的碳也参与反应，会造成脱碳现象，并常常会在镀层和基体之间形成脆性区。对于硬质合金基体来说，会形成 η 相的碳化物。这种 η 相由钴、钨、碳组成，如 Co_3W_3C 或 Co_6W_6C。这在大多数情况下是有害的，通过改变工艺参数，例如提高压力等，可以避免这种现象的发生。

研究表明，薄膜的微观结构随着膜厚发生变化。对于厚 $6\mu m$

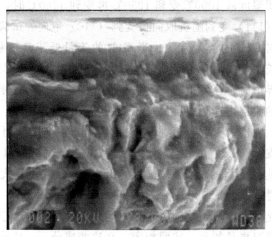

图 3-46　PCVD 在 HSS 基体上沉
积 TiC 膜（沉积温度 560℃）

的膜层，在靠近基片的 $2\mu m$ 范围内，是由小的、界面不清楚的等
轴晶粒组成，晶粒直径大小分布在 $10\sim100nm$ 范围内。而在膜层
的最表面部分，晶粒尺寸大约要大一个数量级。这些大晶粒之间具
有非常明显的大角度晶界。上述结果表明，在 CVD 过程中，TiC
的成核是由表面控制的。小晶粒（10nm）易于在富钴相成核，而
大晶粒（100nm）多在 WC 相上成核。因为 WC 可以提供足够的
C。在 TiC 和 WC 之间也观察到了一定程度的凝聚现象。随着膜厚
增加，逐渐由气相供给足量的碳，进而形成尺寸较大而且尺寸分布
均匀的晶粒。如果把 CVD 反应中的气体由甲烷（CH_4）变成丙烷
（C_3H_8），在生成的 TiC 薄膜中会产生不同的晶粒形貌。采用上述
两种不同气体时，以气体中碳的活性起控制作用的膜厚处作对比，
晶粒形貌是完全不同的。通过断面 TEM 观察发现，当使用 C_3H_8
时为大的柱状晶粒，而使用 CH_4 时为较小的、等轴的晶粒。然而
膜层的硬度未发现差别，在两种情况下获得膜层硬度值大约都
是 HV2700。

　　由 CVD 法制取的 TiC 膜层一般都是择优取向生长的。研究发

现，当沉积温度从 1000℃ 变到 1050℃ 再变到 1100℃ 时，对应膜层的取向由（111）变到随机取向再变到（110）取向。试验证明，膜层的硬度与 CH_4 的流量有关。当 CH_4 的流量低于某一临界值时，膜层的生长主要受基体表面的非均匀反应控制；而当 CH_4 的流量高于此临界值时，会发生均匀的气相反应。这种均质气相反应易形成粉末化的膜层，这种膜层具有较低的硬度。

目前，人们对 PVDTiC 膜已有相当广泛的研究，可以采用活性反应蒸发（ARE）法和各种离子镀和溅射技术沉积 TiC 膜。与 TiN 和其他氮化物的情况一样，它们硬度值分散性较大，从最低 HV1000 到最高 HV5000。

与氮化物相比，碳化物的生长更为复杂，特别是对于 C/Me 值超过 1 的情况更是如此。按照相图，在这些成分下，应该存在碳化物加石墨的两相结构。然而，在气相沉积过程中，往往会形成非平衡结构。而且，碳氢化合物的化学吸附特性比氮更复杂，因此两种情况下的反应生长过程是不同的，对于碳化物膜来说，即使 C/Me ≤1 时，也容易形成含有游离态碳的低密度薄膜，这种游离碳分布在晶界。

对于反应过程来说，膜中的含碳量随着反应气体流量（或分压）的增加而增加。采用定量的 X 射线光电子谱分析（XPS 或 ESCA）来确定膜的成分，尽管这种方法难于得到精确的定量分析结果，但它可以区分不同的化学状态，例如，它能很清楚地区分石墨中的 C 和碳化物中的 C。对于 PVD 膜层来说，一些过量的碳也可能掺入到晶格间隙，对此，有人认为，这种在晶格间隙的过量碳，能引起很大的点阵畸变，使 TiC 膜层的硬度大大超过符合 TiC 化学计量比的体材料硬度。

对于接近化学计量比成分的 TiC 膜层来说，与氮化物的情况相类似，当沉积温度低于大约 600℃ 时，晶粒尺寸是相当小的（<100nm）的。温度较高时，晶粒尺寸快速增加，在 1000℃ 时，测出的晶粒直径为 $4\mu m$，通常也会观察到相当高的位错密度。据报道，TiC 膜层的应力在 $10^7 \sim 10^9$ Pa 的范围内。

3.5.3.2 其他碳化物薄膜

WC在高温时仍保持很高的硬度，WC 又是硬质合金的主要成分。目前，含有一碳化物，即 WC 薄膜及含有低碳碳化物，如 W_3C 和 W_2C 薄膜和 WC-Co 复合膜已可制备出来。由于低碳碳化物的存在，WC 薄膜的生长是一个复杂过程，其结构和相成分与工艺条件关系密切。实验证明，在 200℃的基体上用反应溅射沉积的碳化钨膜层是含有 WC、W_2C 和 W_3C 的多相膜，而形成 WC 的温度为 400～500℃。

在 Cr-C 系统中，有三个碳化物相 $Cr_{23}C_6$、Cr_7C_3 及 Cr_3C_2，$Cr_{23}C_6$ 具有复杂的面心立方结构；Cr_7C_3 是六方相；Cr_3C_2 是正交结构。用 CVD 制备的渗碳体碳化物镀层为 Cr_7C_3，PVD 采用 C_2H_2 气氛下蒸发 Cr 得到了含有 Cr 和 Cr_7C_3 的两相膜，其硬度分布在 HV1300～2100。

硼的碳化物是已知最硬的碳化物（块状材料的硬度值分布在 HV2000～7000 范围内），一般可用 CVD 法沉积，沉积时基体温度在 1000～1300℃范围内。几个块状相的存在决定于纯度，但在高纯度下，正交 $B_{13}C_2$ 是最常见的形式。还可能出现几个亚稳相，例如 $B_{50}C$，正交 B_8C 以及非晶态相。

由于 SiC 有可能用于光电子学和高温半导体器件，聚变堆的第一壁材料以及作为耐磨性优良的硬质镀层，因此，SiC 镀层在工业技术上是很有意义的。这种镀层用 CVD 法和 PVD 法都已制作出来。

SiC 以立方（β-SiC）和六方（α-SiC）等不同的形式存在，其中后一种形式具有三种不同的结构，每一种结构沿 c 轴都有不同的堆垛次序。薄膜可以是 α 相的，也可以是 β 相的。对 CVD 法生长 SiC 膜的研究表明，在相当宽的工艺参数范围内生长的膜层中，α 相和 β 相共存。当温度低于 600～700℃时，一般会形成非晶态膜。除了非晶膜之外，β-SiC 的单晶膜也已经生长出来。利用反应溅射法，在 α-SiC 基体上生长出了单晶膜。而且利用 RF 溅射法和 RF 离子镀技术，也可以在 Si（111）基体上生长出单晶

β-SiC 膜。为了获得高质量的单晶膜，要求基体温度应保持在 1000～1200℃。

据报道，块体 SiC 样品的硬度在 HV2250～2500 范围内变化，硬度的大小取决于晶体结构，而且对 α 相来说也决定于晶体取向。而 SiC 膜的硬度明显高于体材料的硬度，据报道，由 CVD 法生长的 SiC 膜，其硬度值分布在从低于 HV2000 到高于 HV6000 的宽广范围内。HV6000 的最高硬度是 $T_S \geqslant 1000℃$ 的条件下沉积的符合化学计量比的膜层中得到的。在较低的基体温度下生长的膜层硬度低于 HV3000。然而，为什么会得到高达 HV6000 的硬度，到目前还没有解释。

3.5.4　氧化物薄膜

目前已可制取很多氧化物膜层，但是，很多氧化物膜层没有被使用的主要原因是力学性能不理想。尽管这些膜层具有特殊的光学性质和电学性质，有几种氧化物是相当硬的，并已被用来作硬质镀层，但是这种用途主要是基于其极为优良的化学稳定性。氧化物用于耐磨损硬质镀层存在的一个严重问题是，其弯曲破坏强度很低。因此，材料发展的重点在于提高氧化物镀层的韧性，其方法是，使氧化物和碳化物或氮化物混合制成复合镀层等。由气相沉积法生长的氧化物镀层，在力学性能方面的研究工作主要是针对 Al_2O_3 进行的，对其他硬质氧化物镀层，如 ZrO_2、Ta_2O_5 等研究得还很不够。下面主要讨论 Al_2O_3 和 ZrO_2 镀层。

3.5.4.1　氧化铝镀层

氧化铝（Al_2O_3）除了能以热力学稳定的状态 α-Al_2O_3 或刚玉的形式存在之外，还有一系列的亚稳态同素异构体（如图 3-47 所示）。图 3-47 中的量度范围是考虑到了 CVD 和 PVD 技术中基体温度的变化。用于耐磨损目的的 Al_2O_3 镀层主要由 α-Al_2O_3 或 γ-Al_2O_3 组成。非晶态 Al_2O_3 膜主要是用于防化学腐蚀的保护目的和电绝缘的目的，主要是因为其硬度太低。Al_2O_3 硬质镀层的主要工业应用可以分为两类：一是铝的化学氧化、阳极氧化和微弧氧化，目的是在铝基体上生成一层非晶的或多晶氧化膜作为打底（为喷漆、喷塑用）或提高基体铝的防腐耐磨性能；二是用CVD法把它和TiN、TiC一起组成多层膜结构沉积在硬质合金切削刀具上。CVD法沉积的α-Al_2O_3镀层的硬度，在25℃时分布在HV2000～2100范围内，当温度升高到1000℃，硬度迅速下降到HV300～800。为使Al_2O_3镀层获得良好的力学性能，要采用$AlCl_3/H_2/CO_2$混合气体，同时采取较低的沉积速率，并保持镀层的杂质含量较低。微量杂质的存在，会严重地影响Al_2O_3的生长，并会促使细板条状或针状晶体的过快生长。也会促使形成树枝状晶体等。

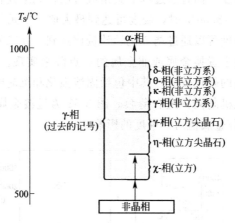

图 3-47　铝氧化物相示意

据报道，PVD沉积的α-Al_2O_3膜层硬度大约为HV1000，比CVD沉积的膜层硬度低得多，一种可能的解释为，两种方法制备的膜层微观结构不同，由于PVD采用较高的沉积速率，使膜层中含有较多的缺陷，如空洞和低强度晶界等。

3.5.4.2　氧化锆薄膜

氧化锆（ZrO_2）有三种同素异构体：单斜结构、立方结构和正方结构。单斜相直到1100℃都是稳定的，温度再升高转变为正方相，大约在2370℃此化合物呈立方萤石结构。如添加Y_2O_3，立方ZrO_2结构在室温即可稳定存在。由射频制备的ZrO_2膜具有明显的柱状结构。实验证明，温度高于1000℃时，蒸镀ZrO_2膜的硬度从HV400提高到HV1100，相应的晶体结构从单斜变为正方结构。

3.5.5 复合膜

过渡金属二元碳化物和氮化物在多数情况下都是可以各自互溶的，以碳化钛和氮化钛为例，如图3-48和图3-49所示。图3-50给出了碳化物和氮化物之间的互溶性。以上的互溶特性使三元和四元固溶体成为可能，而且通过调节其组成可以得到最佳状态。在价电子浓度为8.4~8.5e/a时，硬度可达到最大值。二元化合物中的最佳的价电子浓度可以通过调节化学计量比达到。在三元系中，可通过在三元混晶中置换金属或非金属的亚点阵来实现。图3-51给出了混合碳化物的硬化效应，其中包括固溶强化和沉淀硬化。这些在块体中的硬化机制同样适合薄膜。图3-52为过渡金属碳化物和氮化物的非金属/金属值对其硬度的影响。

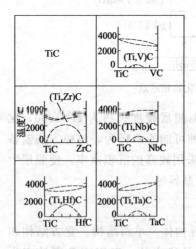

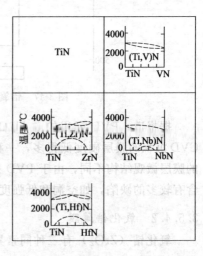

图 3-48　TiC 与其他碳化物的互混行为　　图 3-49　TiN 与其他氮化物的互混行为

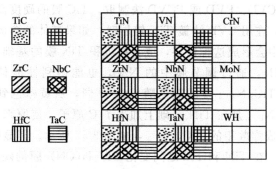

图 3-50　碳化物和氮化物之间的互溶行为

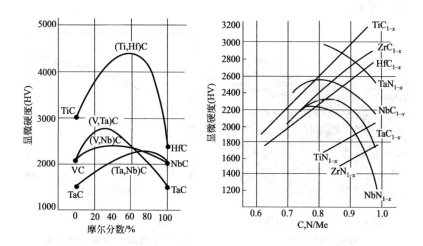

图 3-51　混合化合物的显微硬度　　图 3-52　过渡金属碳化物硬
　　　　　　　　　　　　　　　　　　　　度与非金属/金属值关系

　　通过把各种氮化物、碳化物、氧化物和硼化物相组合，可以组成种类繁多的复合化合物和一系列的固溶体，使得到的镀层具有氧化物镀层好的化学稳定性，而且具有氧-氮化物或碳-氧-氮化物等相当高的强度。

3.5.5.1　TiC_xN_y 薄膜

　　最常见的混合涂层是钛的碳-氮化物涂层，如 TiC_xN_y，膜层可以通过 CVD、PVD 或 PCVD 法制取。TiC 膜的硬度高于 TiN，但韧性差，在用 CVD 法镀 TiN 镀层时，如果基体的含碳量较高，往往无意中会形成这种镀层，或者在沉积 TiN 膜的基础上加入不同量的 CH_4，通过调节膜中的 N/C，也能得到性能佳的 TiC_x N_{1-x} 膜。$TiC_x N_{1-x}$ 膜的颜色随 C/N 不同，从黄棕色到铁灰色。由于 $TiC_x N_{1-x}$ 是在 TiN 基础上加入了 C 原子，使原来为柱状晶的 TiN 变成弥散相的 $TiC_x N_{1-x}$，如图 3-53 所示。其显微硬度随 C/N 不同，在 TiN 和 TiC 之间变化，即 Ti(CN) 膜的硬度随着碳含量变化，由 TiN 的 HV2200，逐渐增加到 TiC 的 HV4200，如图 3-54 所示。

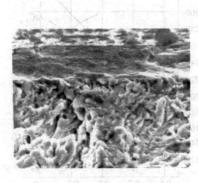

图 3-53 PCVD-Ti（CN）
断面 SEM 照片

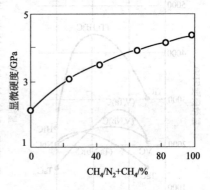

图 3-54 $TiC_x N_{1-x}$
的显微硬度随 C 含量变化曲线

由文献的 $TiC_x N_{1-x}$ 的 XRD 分析可知，$TiC_x N_{1-x}$ 的（200）衍射峰可由 TiC 和 TiN 两衍射峰所组成，可以认为它是由 TiN(C) 和 TiC(N) 两相混合组成。TiN 和 TiC 具有相同的 NaCl 结构，而且 C 原子半径（0.077nm）和 N 原子半径（0.071nm）是很相近的，可互相替代形成固溶体。但通过 XPS 分析，$TiC_x N_{1-x}$ 峰解析后的 3 个峰表明，$TiC_x N_{1-x}$ 膜表面有三种结合状态，一种是由 Ti 和 C 结合生成的 TiC；一种是由 Ti 和 N 结合生成的 TiN；另一种是由 Ti 和 C，N，O 结合生成的 Ti（CNO）化合物。

TiC$_x$N$_{1-x}$薄膜的制备方法可采用 PVD、CVD 和 PCVD 法。若是 PVD 法，在溅射或蒸发 Ti 源的基础上按一定比例加入活性气体 N$_2$ 和 CH$_4$ 即可得到 TiC$_x$N$_{1-x}$ 薄膜。若是采用 CVD 法，则将含 Ti，气体 N$_2$ 和 CH$_4$ 一起通入反应室进行化学反应即可在基体上沉积出 TiC$_x$N$_{1-x}$ 薄膜。

TiC$_x$N$_{1-x}$ 薄膜硬度比 TiN 高，韧性比 TiC 好，是一种很好的涂层材料。文献报道了采用 PCVD 法在 W18Cr4V 高速钢基体的冷挤压模具上沉积 TiC$_x$N$_{1-x}$ 涂层，并进行了生产实用，而且与 PCVD TiN 及 PVD TiN 涂层模具作对比。其实验结果如表 3-20 所示。

表 3-20　冷挤压模具使用寿命比较　单位：次

未涂层	PCVD TiN	PCVD TiC$_x$N$_{1-x}$	PVD TiN
500(平均) 3000(最大)	9230~20000	40450	约 10000

碳-氮-氧化物复合膜也是一种很高硬质的涂层，Frank 等人证明，成分大约为 TiC$_{0.34}$O$_{0.32}$N$_{0.24}$ 的碳-氮-氧化物可达到的最高硬度为 HV4400。如果在晶格中加入过多的氧，则硬度会急剧降低，而同时电阻增加几个数量级。硬度的降低是由于从碳化物或氮化物结构变成氧化物结构所致。前两种结构具有金属传导性，强度高，后一种结构属于电绝缘的，而且强度较低。采用 PCVD 法制备的 Ti(CNO) 的显微硬度也接近 HV4000，少量氧的加入使晶粒细化，提高了抗氧化和耐磨损性能。

氮化物、碳化物、氧化物等硬质膜层硬度很高，具有优良的耐磨损性能，但这些材料的弯曲强度较低，硬质镀层材料的主要问题在于缺乏韧性。由此会影响到断裂强度和耐黏着磨损的性能。为了克服硬质镀层的这些缺点，采用复合镀层就是重要的方法之一。

另外，碳化物-硼化物也可形成复合涂层。Holleck 等人的研究表明，对碳化物-硼化物复合涂层来说，影响韧性的最主要因素是相界的数量和组成。采用 RF 磁控溅射法，通过在高速钢刀具基片上交替地溅射沉积 TiC 和 TiB_2，制取复合涂层，在大约厚 $4\mu m$ 的镀层上形成了大约 10^3 个 TiC/TiB_2 相界。图 3-55 表示出没有涂层的高速钢、单相 TiC 和 TiB_2 涂覆的高速钢以及 TiC/TiB_2 复合镀层涂覆的高速钢的耐磨损性能的对比。复合涂层的磨损量只有单相 TiC 和 TiB_2 涂层磨量的 1/2。因为在 TiC/TiB_2 复合镀层中，TiC 和 TiB_2 中密排 Ti 能够形成部分协调的相截面。X 射线衍射分析表明，只有 TiC 的（111）和 TiB_2 的（0001）平行于基体表面。

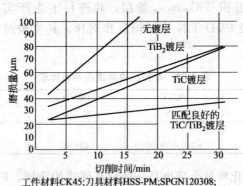

工件材料CK45;刀具材料HSS-PM;SPGN120308;
切削速度50m/min;切削深度0.2mm;进给0.224mm/r

图 3-55　无涂层与有涂层高速钢刀具切削性能对比

3.5.5.2　纳米超硬复合膜

复合陶瓷材料的性能要比单相陶瓷优越，而发展先进的防护膜的基本思想就是开发多组分和多相材料。TiN 是金属间化合物，Si_3N_4 是共价键化合物，Harai 等人用 CVD 方法运用 $SiCl_4$、$TiCl_4$ 和 NH_3 在 1000℃以上沉积了 Si_3N_4/TiN 复合膜。采用 PCVD 法可以在 560℃沉积 Ti-Si-N 薄膜，沉积的 Ti-Si-N 薄膜的 XPS 图和 XRD 如图 3-56 和图 3-57 所示。从图 3-56 XPS 分析可以看出，Si 是以 Si_3N_4 和游离态 Si 存在。由图 3-57 的 XRD 分析可知，衍射峰只有 TiN 的（111）、（200）、（220）、（311）和（222），没有 Si_3N_4 的衍射峰，由此可断定，Ti-Si-N 薄膜中的 Si_3N_4 为非晶态。由于弥散强化的缘故，Ti-Si-N 薄膜可以有较高的硬度。

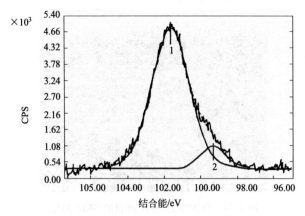

图 3-56　Ti-Si-N 薄膜的 XPS 谱图

1—Si_3N_4 中 Si，结合能 101.62eV；2—游离 Si，结合能 99.28eV

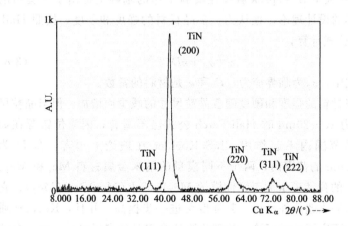

图 3-57　PCVD-Ti-Si-N 薄膜的 XRD 分析

　　图 3-58 为 PCVD-Ti-Si-N 薄膜的 SEM 照片，基体为 HSS，沉积温度 560℃，Si 原子分数为 20%，可以看出，原来为柱状晶的 TiN 中加入了少量的 Si，柱状晶消失，其结构似玻璃态较细腻，硬度可达 HV4000 以上，并且发现膜的硬度随 Si 含量而变化，当 Si 含量为 10%～15%（原子分数）时，膜的硬度最高。

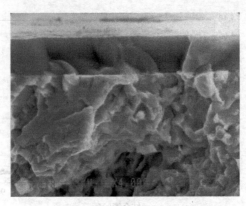

图 3-58　PCVD-Ti-Si-N 薄膜的 SEM 照片

在此基础上，国内外很多学者进行了有关研究，其中以德国 Munich 大学 S. Veprek 教授在实验工作的基础上提出了一套新的超硬膜的设计理论。他认为，多晶材料的强度和硬度，按照 Hall-Petch 公式计算，

$$\sigma = \sigma_0 + \kappa D^{-0.5} \qquad (3-8)$$

式中，σ_0 为临界应力；D 和 κ 是材料的常数。

该材料的强度和硬度随着晶粒尺寸的减少而增加。但当晶粒尺寸 D 为 10～20nm 时 Hall-Petch 公式已不适合，因为位错源在如此小的范围内不起作用。J. S. Koehler 在理论上预言，在 D 为 10～20nm 的范围内，两个不同模量的纳米金属材料 Me_1 和 Me_2，且 Me_1 的弹性模量大于弹性模量 Me_2，即 $B(Me_1) \geqslant B(Me_2)$，它们结合形成超薄外延层，其强度可进一步提高，并且，Koehler 通过实验证实了这种理论，该理论除适合多晶的多层膜外，还适合纯金属和金属氮化物组成的体系。因为由于外力形成的位错不能在非晶网络中迁移。在研究以上理论和实验的基础上，Veprek 提出了纳米超硬复合膜的设计原则：

（1）采用三元或四元化合物，在高温下发生析晶，实现成分调制；

（2）采用低温沉积技术，避免异质结构在小调制周期易出现的内扩散，而不致使硬度下降；

（3）为容纳多晶材料自由取向晶粒错配，对两种材料中各组分的晶粒尺寸应控制在纳米范围，接近晶向稳定的极限。

Veprek 对超硬材料的基本设计思想是在 Koehler 理论上加以拓宽，只要包括的晶相和非晶相是坚硬的，并能形成尖锐的边界，此理论即可应用于纳米晶/非晶复合材料体系。

当材料经历了非轴向应力作用时，如图 3-59 所示。临界应力 σ_c 引起的微裂纹增长可由 Griffith 公式表示。

$$\sigma_c = [2B\gamma_s/(\pi a_{cr})]^{0.5} \tag{3-9}$$

式中，B 为弹性模量；γ_s 为表面结合能；a_{cr} 为原始微裂纹尺寸。

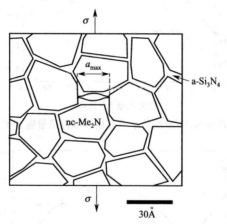

图 3-59 纳米裂纹在纳米晶/非晶复合材料中的有限生长示意

这里应注意，因为临界应力是随着微裂纹 a_{cr} 的原始尺寸增加而减少，在给定的微裂纹 a_{cr} 尺寸条件下，当施加应力达到临界应力时，微裂纹将无限增长。但当材料为纳米晶复合材料时，如果临界应力在增长并且纳米裂纹开始增长，但当裂纹延续扩展到微晶粒时将停止，因为有充分薄的非晶组织 a-Si$_3$N$_4$ 可阻止裂纹的继续扩展。所以，这种有纳米晶/非晶复合组成的薄膜材料可以有很高的硬度。

Veprek 小组也发现，nc-Ti/a-Si$_3$N$_4$薄膜的硬度随 Si 含量变化的曲线，并且在图 3-60 中可以看出，nc-Ti/a-Si$_3$N$_4$ 膜硬度随着硅含量变化曲线，在 Si 含量为 8％～10％（原子分数）时，膜的硬度最高，为 50GPa，弹性模量几乎与显微硬度同步变化，在 Si 含量为 8％～10％（原子分数）时达到最大，约为 570GPa。Veprek 小组同时发现，nc-Ti/a-Si$_3$N$_4$ 膜中的 Si 含量为 10％（原子分数）时，晶粒尺寸最小，小于 4nm，应变最小约为 11％，如图 3-61 所示。

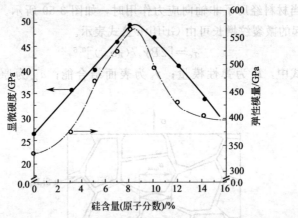

图 3-60　nc-Ti/a-Si$_3$N$_4$ 薄膜的显微硬度和弹性模量随 Si 含量变化曲线

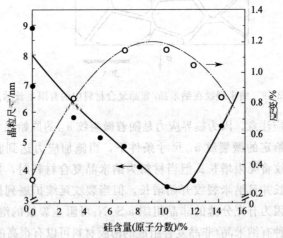

图 3-61　nc-Ti/a-Si$_3$N$_4$ 膜的晶粒尺寸和应变随 Si 含量变化曲线

    nc-Ti/a-Si$_3$N$_4$膜除了有很高的硬度，还有很好的抗氧化能力，它的抗氧化能力比 TiC，TiN 强。图 3-62 为 TiC，TiN，（TiAl）N 和 nc-Ti/a-Si$_3$N$_4$ 等膜的抗氧化曲线。由图 3-62 可以看出，TiC 的氧化温度约为 400℃，TiN 的氧化温度约为 500℃，（TiAl）N 的氧化温度约为 700℃，nc-Ti/a-Si$_3$N$_4$ 的氧化温度约为 600℃，且上升斜率较小。

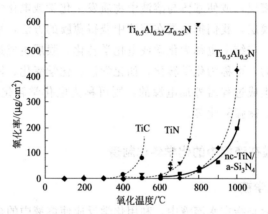

图 3-62　TiC，TiN，（TiAl）N 和 nc-Ti/a-Si$_3$N$_4$ 等膜的抗氧化曲线

    经过几年的研究，Veprek 认为，用 PCVD 法制备了 3～20μm 厚薄膜，这种薄膜是由纳米晶 TiN、非晶 Si$_3$N$_4$、非晶和纳米晶 TiSi$_2$ 组成的 nc-TiN/a-SiN$_x$/a-TiSi$_2$nc-TiSi$_2$ 膜，其显微硬度在 80～105GPa 范围内。在 Veprek 的研究工作带动下，国内外已有不少学者进行了有关纳米超硬膜的理论研究和实验工作，并取得了一定的成绩。

4 薄膜在液相中的化学及电化学制备

利用化学或电化学方法,可以使溶液中的金属离子在基体上转化为金属膜层,或使基体与溶液中物质发生化学或电化学反应而生成化合物膜层,我们把这类在溶液中获得薄膜的方法,称为薄膜的液相制备,传统上也称为化学或电化学转化。膜层生成过程不需要外加电源的,可称为化学转化,如化学镀、化学氧化、钝化、磷化等;膜层生成过程需外加电源的,则可称为电化学转化,如电镀、阳极氧化、微弧氧化等。

4.1 薄膜在液相中的化学转化制备

4.1.1 化学镀

化学镀是指在水溶液中,利用化学反应使溶液中的金属离子还原并沉积在欲镀基体表面,形成镀层的表面加工方法。金属离子还原所需的电子由还原剂提供,还原剂被氧化则释放出电子供给金属离子。

$$R^{m+} \xrightarrow{\text{催化}} R^{(m+n)+} + ne \tag{4-1}$$

$$Me^{n+} + ne \longrightarrow Me \downarrow \tag{4-2}$$

还原剂的氧化是一小催化过程,若被镀金属本身具有还原性,则发生自催化,使化学镀更易进行。

一个化学镀要能顺利完成,需满足如下条件:①还原剂的还原电位远远小于金属离子沉积电位;②镀液稳定,不自发分解;③金属离子还原速率可由镀液 pH 值、温度等参数调控,从而调节镀层的沉积速率;④还原析出的镀层金属具有催化活性,使还原反应能持续进行,镀层能连续生长;⑤反应生成物对化学镀无影响,保证镀液的使用寿命。

化学镀金属及合金的种类很多，如 Pd、Sn、Pt、Cr、Co 及 Ni-P、Ni-B、Cu-Ag 等，可在金属、非金属（塑料、玻璃、陶瓷）、半导体、有机物等材料表面沉积镀层。膜层具有良好的耐磨性、耐蚀性、焊接性及特殊的磁、电等性能，在电子、石油、化工、航空航天、核能、汽车、印刷、纺织、机械等工业中广泛应用。

4.1.1.1 化学镀镍

（1）化学镀镍 化学镀镍是用还原剂将溶液中的 Ni^{2+} 还原为金属 Ni 并沉积到基体表面上形成镀层的方法。可选用的还原剂包括次亚磷酸盐、硼氢化物、氨基硼烷、肼及其衍生物等。镀层金属 Ni 具有很好的自催化活性，使还原反应能顺利进行。它是目前化学镀领域研究最活跃、应用最广泛的一种。对于化学镀镍的原理，目前学术界尚无统一的认识。这里以次亚磷酸钠（NaH_2PO_2）作还原剂，介绍三种主要的观点。

① 原子氢态理论。该理论认为，在化学镀过程中，有原子态氢生成，原子态氢又促使金属镍的沉积。首先发生的是在镀件表面催化作用下的 $H_2PO_2^-$ 分解：

$$H_2PO_2^- + H_2O \xrightarrow{\text{催化表面}} HPO_3^{2-} + 2H_{ad} + H^+ \tag{4-3}$$

生成的吸附状态的原子态氢使 Ni^{2+} 还原：

$$Ni^{2+} + 2H_{ad} \longrightarrow Ni + 2H^+ \tag{4-4}$$

此外还可能发生如下副反应：

$$H_2PO_2^- + H_{ad} \longrightarrow H_2O + OH^- + P \tag{4-5}$$

$$3P + Ni \longrightarrow NiP_3 \tag{4-6}$$

$$2H_{ad} \longrightarrow H_2 \uparrow \tag{4-7}$$

综合起来反应为：

$$Ni^{2+} + H_2PO_2^- + H_2O \longrightarrow HPO_3^{2-} + 3H^+ + Ni \tag{4-8}$$

② 氢化物理论。氢化物理论认为 $H_2PO_2^-$ 首先在基体表面生成还原能力更强的氢负离子（H^-）：

$$H_2PO_2^- + H_2O \xrightarrow{\text{催化表面}} HPO_3^{2-} + 2H^+ + H^- \tag{4-9}$$

在基体表面上，H^- 使 Ni^{2+} 还原：

$$2H^- + Ni^{2+} \longrightarrow Ni + H_2 \uparrow \qquad (4\text{-}10)$$

同时，H^+ 与 H^- 作用：

$$H^+ + H^- \longrightarrow H_2 \uparrow \qquad (4\text{-}11)$$

中间产物偏磷酸根（PO_2^-）生成磷：

$$2PO_2^- + 6H^- + 4H_2O \longrightarrow 2P + 3H_2 \uparrow + 8OH^- \qquad (4\text{-}12)$$

所生成的 Ni 与 P 还可发生如下反应：

$$3P + Ni \longrightarrow NiP_3 \qquad (4\text{-}13)$$

则综合反应可写为：

$$Ni^{2+} + H_2PO_2^- + H_2O \longrightarrow HPO_3^{2-} + 3H^+ + Ni \qquad (4\text{-}14)$$

③ 电化学理论。以电化学理论观点看，镀镍反应的发生是因为在镀件表面形成了原电池，原电池的电动势驱动着镀镍不断进行。原电池反应如下。

阳极：

$$H_2PO_2^- + H_2O \longrightarrow H_2PO_3^- + 2H^+ + 2e \qquad (4\text{-}15)$$

阴极：

$$Ni^{2+} + 2e \longrightarrow Ni \qquad (4\text{-}16)$$

综合反应：$Ni^{2+} + H_2PO_2^- + H_2O \longrightarrow H_2PO_3^- + 2H^+ + Ni \quad (4\text{-}17)$

以上各理论观点虽然不尽一致，但最终的生成产物都是相同的，膜层中不仅有金属镍，还有部分磷（如以磷化镍的形式）存在。

（2）化学镀镍溶液　化学镀镍的镀液主要由镍盐、还原剂、络合剂、缓冲剂、pH 调节剂、稳定剂、加速剂、润湿剂、光亮剂等组成。

镍盐为化学镀镍的主盐，是镀层金属的供体，一般可选用 $NiSO_4$ 或 $NiCl_2$。镀液中镍盐的浓度增大，可使镍的沉积速率增大，但所得镀层的稳定性会下降，所以要使其浓度维持在一个合理的范围之内。同时，因为镍不停地在基体表面沉积，使镀液中镍离子的浓度下降，所以要及时补充，以维持镍盐浓度的恒定。如果在镀液中再加入其他金属离子，则可形成镍基多元合金化学镀层。

次亚磷酸钠是应用最广泛的一种镀镍还原剂，它通过催化脱氢，把镍离子还原为金属镍，同时使镀层中含有了磷的成分，有利于改善镀层质量。次亚磷酸钠在镀液中的浓度增大，可使镀层沉积速率变快，但镀液的稳定性会有所下降，其浓度主要取决于镍盐的浓度，一般认为镍与次亚磷酸钠的浓度比在 0.3～0.45 之间最为适宜。同主盐一样，随着化学镀的进行，还原剂也因消耗而减少，所以要按比例随时补充，以维持镀液的稳定性。若以硼氢化物（如 $NaBO_4$）、氨基硼烷作为还原剂，则所得镀层中含有的是 Ni 和 B；若以肼及其衍生物作还原剂，所得镀层几乎为纯镍，但肼在高温时不稳定，易爆炸，且有致癌作用，所以很少采用。

化学镀镍加入络合剂的目的之一是提高镀液的稳定性，抑制镀液发生沉淀、分解等作用而失效。此外，络合剂与镍离子形成稳定络合物，可控制游离的具有反应能力的镍离子含量，从而控制镀层沉积速率、改善镀层外观，使镍只在基体表面生成。图 4-1 所示为化学镀镍溶液中亚磷酸镍沉淀与 pH 值和磷酸浓度的关系曲线，曲线右侧是沉淀区，可见加

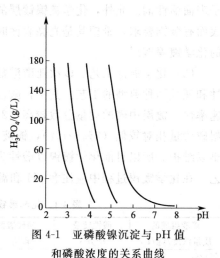

图 4-1 亚磷酸镍沉淀与 pH 值和磷酸浓度的关系曲线

入络合剂后可在很大程度上控制沉淀的生成。化学镀镍使用的络合剂主要是有机酸及其盐，常用的有：乙醇酸、苹果酸、柠檬酸、琥珀酸、乳酸、丙酸、羟基乙酸及它们的盐。

加速剂也称增速剂，在镀层的沉积速率过慢时，可调整镀层沉积速率。一般选用氟化物，它可削弱亚磷酸根离子中 H—P 间的键合力，使 H 易于移动和脱落，同时它还可以提高镀件的表面活性。

稳定剂可控制镍离子的还原，使其只在基体表面还原沉积，同时，还可以抑制镀液分解或出现沉淀失效。在镀液中，有些固体粒子（如外来的杂质、亚磷酸盐沉淀等）具有催化活性，会使镀层粗糙、镀液分解，选用一定的稳定剂可抑制以上作用的发生。但是，

应注意稳定剂只需微量，加入过多反而会降低反应沉积速率，甚至抑制镍的生成，还会影响镀层质量和性能，如增大内应力和针孔率、降低耐蚀性等。目前可供选用的化学镀镍稳定剂有三类，一是含硫的化合物，如硫脲、硫代硫酸钠等；二是含氧的阴离子物质，包括铜酸盐、碘酸盐等；三是金属重离子，如铅、铋、锡、镉等金属离子。

基体表面润湿性不好时，镀层针孔率高，且有花纹，此时需加入润湿剂来提高基体表面的润湿性能，一般选择亲水性较强的阴离子表面活性剂。此外，化学镀镍镀层的表面是半光亮的，若对镀层表面有装饰要求，希望其是光亮表面时，需加入光亮剂，获得光亮的化学镀镍镀层。

（3）化学镀镍工艺 以次亚磷酸盐为还原剂时，化学镀镍有酸性和碱性两种典型的工艺。其中，酸性镀液稳定，容易控制，沉积速率快，镀层中磷的质量分数较高（2%～11%）。碱性镀液所得镀层磷含量相对较低（3%～7%），镀液对杂质较为敏感，稳定性差，难以维护。所以目前化学镀镍以酸性为主。表 4-1 为两种镀镍的工艺。在化学镀镍过程中应注意 pH 和温度对镀镍的影响。

表 4-1　化学镀镍工艺

镀液组成的质量浓度/(g/L)	酸性镀液配方 1	酸性镀液配方 2	碱性镀液配方 1	碱性镀液配方 2
氯化镍	21		20	
硫酸镍		30		25
次亚磷酸钠	24	26	20	25
苹果酸		30		
柠檬酸钠			10L	
琥珀酸	7			
氟化钠	5			
乳酸		18		
氯化铵			35	
焦磷酸钠				50
中和用碱	NaOH	NaOH	NH_4OH	NH_4OH
pH 值	6	4～5	9～10	10～11
温度/℃	90～100	85～95	85	70
沉积速率/(μm/h)	15	15	17	15

化学镀镍工艺流程包括镀件的前处理、化学镀、出槽清洗及后处理。

前处理包括除油、除锈、表面活化。要求较严格，每道工序必须用清水和去离子水或蒸馏水冲洗干净，活化时，要保证基体的完全裸露，并防止再氧化。

后处理包括钝化、封闭、去氢和热处理。经钝化处理，镀层的耐蚀性有所提高。如经重铬酸盐钝化处理后，化学镀镍镀层再盐雾实验出现红锈所需时间达590h，比未经钝化处理的镀层延长了1.6倍。用有机清漆和封闭剂也可提高镀层的耐蚀性。去氢处理对一些氢脆敏感性高的基体是必需的，如高强度钢化学镀镍后，由于吸收了氢，易发生脆断。去氢处理一般在$150 \sim 200℃$下进行。热处理可以引起镀层的组织结构和性能变化，改变镀层硬度和改善结合力。热处理温度、时间要根据希望达到的硬度水平和基体允许的热温度来确定。例如时效硬化铝基体上的镀层，超过200℃热处理，将会使铝过时效而降低强度。镀层热处理最好在真空或惰性气氛下进行。在空气炉中，超过260℃将会使镀层氧化变色。

在沉积反应过程中，镀液的主盐、还原剂不断被消耗，pH值不断降低，亚磷酸根不断增多，这些都会破坏镀液的化学稳定性，影响镀速、镀层质量。所以要经常检测它们的变化，按消耗定期补充镍盐、还原剂，并随时调节pH值在设定的范围，清除累积的亚磷酸根，使其含量保持在沉淀浓度以下。镀液使用过程中常受自身产生或外来微粒污染。为保证得到良好的镀层和保持镀液稳定，必须定期过滤镀液，最好将大于$1\mu m$的粒子滤掉。在化学镀镍过程中，镀液的某些络合剂，如稳定剂、光亮剂等，也会有所损失，亦需要定量补充。

4.1.1.2 化学镀铜

化学镀铜是化学镀领域又一主要的镀种，与化学镀镍不同，化学镀铜所得镀层大多为纯铜，可广泛用于非导体材料表面金属化，作电镀底层和电子仪器的电磁屏蔽层等。作印刷电路板及其层间电路连接孔对金属化有很高的要求，化学镀铜能很好地解决这些问题。化学镀铜层在兆赫兹以上的电磁场中有很好的屏蔽效果，例如在塑料上只要镀铜层，屏蔽效果达75dB以上。

同化学镀镍一样，化学镀铜理论也没有统一的机理。目前化学镀铜也有原子氢态理论、氢化物理论和电化学理论三种认识。

化学镀铜液主要由铜盐、还原剂、络合剂、pH值调节剂及添加剂组成。铜盐一般选硫酸铜为化学镀铜的铜盐，也称主盐；最常用的还原剂为甲醛，有时也选用次亚磷酸钠、肼、硼氢化物等；络合剂的主要作用是与铜离子形成稳定络合物，防止铜离子在碱性条件下生成 $Cu(OH)_2$ 沉淀，提高镀液的稳定性，同时它也调控了镀液中有效铜离子的浓度，从而使镀层的沉积速率达到要求；pH值调节剂可保持镀液稳定，提供甲醛强还原能力所需的碱性条件；添加剂包括各种稳定剂、加速剂、润湿剂等。化学镀铜的工艺过程与化学镀镍相似，不再详细叙述。

4.1.2　化学氧化

化学氧化是指利用化学方法，使基体与一定的氧化液接触，在一定条件下发生化学反应，与其表面形成稳定氧化物膜层的方法。得到的膜层称为氧化膜，该膜附着力好，可保护基体不受腐蚀介质影响，提高基体耐磨、耐老化等性能或赋予表面其他性能。

4.1.2.1　钢铁的化学氧化

钢铁的氧化处理是化学氧化应用最为广泛的一种。指钢铁在含氧化剂的溶液中，表面生成均匀的蓝黑色到黑色膜层的方法，有时也称为钢铁的发蓝或发黑。根据氧化温度的高低，钢铁的化学氧化分为高温化学氧化和常温化学氧化两种。它们所选用的氧化液、所得膜层的组成、成膜的机理都是不同的。

（1）钢铁的高温化学氧化　钢铁的高温化学氧化也叫高温发黑，是钢铁表面传统的发黑方法。一般是将钢铁件放入140℃左右的浓碱氧化液中处理15～90min，在表面得到一层黑色的氧化膜，该膜主要由 Fe_3O_4 组成，也即是高铁酸（H_2FeO_4）和 $Fe(OH)_2$ 的衍生物，一般厚度在 $0.5～1.5\mu m$ 之间，具有吸附性好、不影响精度等特性。可用于精密仪器、光学仪器、武器、机械制造业等行业。

① 钢铁高温化学氧化机理。钢铁高温化学氧化的反应机理，主要有以下两方面的认识。

a. 化学反应机理。这种理论认为，钢铁在热碱溶液中，依次经历了以下三个过程，形成氧化膜层。

首先，钢铁在热碱中的氧化剂作用下生成了亚铁酸钠（Na_2FeO_2）：

$$3Fe + NaNO_2 + 5NaOH \longrightarrow 3Na_2FeO_2 + H_2O + NH_3 \uparrow \quad (4\text{-}18)$$

部分亚铁酸钠进一步氧化生成铁酸钠：

$$6Na_2FeO_2 + NaNO_2 + 5H_2O \longrightarrow 3Na_2Fe_2O_4 + 7NaOH + NH_3 \uparrow$$

$$(4\text{-}19)$$

亚铁酸钠与铁酸钠再相互作用，生成 Fe_3O_4：

$$Na_2Fe_2O_4 + Na_2FeO_2 + 2H_2O \longrightarrow Fe_3O_4 + 4NaOH \quad (4\text{-}20)$$

Fe_3O_4 在表面析出，逐渐形成晶核，最终长大成膜。

同时，还可能发生副反应：

$$Na_2Fe_2O_4 + (m+1)H_2O \longrightarrow Fe_3O_4 \cdot mH_2O + 2NaOH \quad (4\text{-}21)$$

生成的 $Fe_2O_3 \cdot mH_2O$ 在高温下失水，棕红色的 Fe_2O_3 附着于基体表面形成红霜，俗称挂霜。挂霜影响膜层的外观及性能，应尽力避免。

b. 电化学反应机理。该理论认为，在高温浓碱液中，钢铁表面形成了局部的微阳极和微阴极。

阳极： $$Fe \longrightarrow Fe^{2+} + 2e \quad (4\text{-}22)$$

进一步反应：

$$6Fe^{2+} + NO_2^- + 11OH^- \longrightarrow 6FeOOH + H_2O + NH_3 \uparrow \quad (4\text{-}23)$$

阴极： $$FeOOH + e \longrightarrow HFeO_2^- \quad (4\text{-}24)$$

随后，阴阳极反应产物反应并脱水：

$$HFeO_2^- + 2FeOOH \longrightarrow Fe_3O_4 + OH^- + H_2O \quad (4\text{-}25)$$

② 钢铁高温化学氧化工艺。高温氧化工艺分为单槽法和双槽法两种。单槽法操作简单，使用广泛。双槽法是钢铁在两个质量浓

度和工艺条件不同的氧化溶液中进行两次氧化处理,可得到较厚的氧化膜,耐蚀性也较好,此外,双槽法还有利于消除表面挂霜现象。表 4-2 为一些典型钢铁高温氧化工艺。钢铁高温氧化时应注意以下一些共性问题。

a. 氧化剂一般选用亚硝酸钠。提高其含量,可加快氧化速度,使膜层致密、牢靠。相反,若氧化剂浓度过低,则氧化膜厚但多孔。

b. 氢氧化钠使氧化液具有强碱性。提高其质量浓度,氧化膜厚度稍有增加,但容易出现疏松或多孔缺陷,甚至产生红色挂灰;质量浓度过低时,则氧化膜较薄,产生花斑,使氧化膜防护能力变差。

c. 提高氧化液温度,生成的氧化膜会很薄,且易产生红色挂灰,导致氧化膜的质量降低。

d. 研究发现氧化溶液中必须含有一定的铁离子才能使膜层致密,结合牢靠,但铁离子浓度过高,氧化速率降低,钢铁表面易出现红色挂灰。对铁离子浓度过高的氧化液,可用稀释或沉淀等方法除去。

e. 钢铁中含碳量增加,组织中的 Fe_3C 增多,即阴极表面增大,阳极铁的溶解相应加剧,促使氧化膜生成速率加快,所以在同样温度下氧化,高碳钢所得氧化膜一定会比低碳钢的低。

f. 钢铁化学氧化后,经过热水清洗、干燥后,可在 105～110℃下的 L-AN32 全损耗系统用油、锭子油或变压器油中浸 3～5min,则可提高其耐蚀性能。

表 4-2　钢铁高温氧化工艺

氧化液组成/(g/L)	单槽法		双槽法			
	配方 1	配方 2	配方 3		配方 4	
			第一槽	第二槽	第一槽	第二槽
氢氧化钠	550～650	600～700	500～600	700～800	550～650	700～800
亚硝酸钠	150～200	200～250	100～150	150～200		
重铬酸钾		25～32				
硝酸钠					100～150	150～200

续表

氧化液组成/(g/L)	单槽法		双槽法			
	配方1	配方2	配方3		配方4	
			第一槽	第二槽	第一槽	第二槽
温度/℃	135～145	130～135	135～140	145～152	130～135	140～150
时间/min	15～60	15	10～20	45～60	15～20	30～60

（2）钢铁的常温化学氧化　钢铁常温化学氧化又称常温发黑，是从 20 世纪 80 年代以后发展起来的一种新工艺，它克服了高温氧化需要高温的缺点，具有节能、高效、操作简单、成本低、污染小等优点。常温发黑所得膜层虽然仍是黑色，但膜层组成已不是 Fe_3O_4，而是功能与它相似的 CuSe。因此此时的发黑液是以硫酸铜（$CuSO_4$）与亚硒酸（H_2SeO_3）为主要组分的溶液。

① 钢铁常温发黑机理。钢铁常温发黑机理目前尚不清楚，仅有一些观点。

一种观点认为，钢铁浸入在硫酸铜溶液中，在常温下，发生 Fe 置换 Cu 的反应：

$$CuSO_4 + Fe \longrightarrow FeSO_4 + Cu \tag{4-26}$$

铜再与亚硒酸反应，生成黑色 CuSe 膜：

$$3Cu + 3H_2SeO_3 \longrightarrow 2CuSeO_3 + CuSe\downarrow + 3H_2O \tag{4-27}$$

另一种观点认为，钢铁首先与亚硒酸反应，生成 Se^{2+}，Se^{2+} 再与 Cu^{2+} 结合得 CuSe：

$$H_2SeO_3 + 3Fe + 4H^+ \longrightarrow 3Fe^{2+} + Se^{2+} + 3H_2O \tag{4-28}$$

$$Se^{2+} + Cu^{2+} \longrightarrow CuSe\downarrow \tag{4-29}$$

② 钢铁常温发黑工艺。钢铁常温发黑具有操作简单，不需加热，成膜速度快等优点。但缺点是发黑液不够稳定，膜层结合力差。所得膜层经封闭处理后，可提高其耐蚀性能。

常温发黑液主要由成膜剂（$CuSO_4$ 与 H_2SeO_3）、pH 缓冲剂、络合剂、表面润湿剂等组成，多在 pH＝2～3 的酸性溶液中进行。表 4-3 中列举了一些常用的常温发黑工艺。

表 4-3　钢铁常温发黑工艺

发黑液组成/(g/L)	配方 1	配方 2
硫酸铜	1～3	2.0～2.5
亚硒酸	2～3	2.5～3.0
磷酸	2～4	
有机酸	1.0～1.5	
十二烷基硫酸钠	0.1～0.3	
复合添加剂	10～15	
氯化钠		0.8～1.0
对苯二酚		0.1～0.3
pH 值	2～3	1～2

4.1.2.2　有色金属化学氧化

除了钢铁以外，有色金属也能进行化学氧化处理。铝及铝合金经化学氧化处理后，可在其表面形成一层 $0.5～4\mu m$ 的氧化膜，该膜层为多孔结构，吸附性好，可作有机涂层底层，但耐磨、耐蚀性稍差。铝及铝合金化学氧化具有设备简单，操作方便，效率高，不耗电，成本低等优点。

铝在 $pH＝4.45～8.38$ 之间均能形成化学氧化膜，但机理还不清楚。估计是发生了电化学反应，局部阳极上反应为：

$$Al \longrightarrow Al^{3+} + 3e \qquad (4\text{-}30)$$

同时阴极上的反应为：

$$3H_2O + 3e \longrightarrow 3OH^- + \frac{3}{2}H_2\uparrow \qquad (4\text{-}31)$$

阴极反应导致金属/氧化液界面区域碱浓度升高，则发生如下反应：

$$Al^{3+} + 3OH^- \longrightarrow AlOOH + H_2O \qquad (4\text{-}32)$$

AlOOH 在界面层生成后，转化为难溶的 $\gamma\text{-}Al_2O_3 \cdot H_2O$ 晶体并吸附在表面上，形成化学氧化膜。

铝及其合金化学氧化工艺按溶液的性质分为酸性氧化法和碱性氧化法两类。

用化学方法可在镁合金表面获得厚度为 $0.5～3\mu m$ 的氧化膜，该氧化膜薄而软，耐磨性、耐蚀性都较差，一般作有机涂层底层使用。镁合金化学氧化配方很多，使用时根据合金材料、零件表面状况及使用要求，选择合适的工艺。

各种铜合金经化学氧化后，可在其表面获得各种漂亮颜色的膜层，具有很好的装饰性，主要由 CuO 和 Cu_2O 构成。

4.1.3 钝化

钝化是铬酸盐化学处理的简称，是把金属（或金属镀层）放入含有各种添加剂的铬酸或铬酸盐溶液中，通过化学或电化学方法在其表面生成含三价铬或六价铬的铬酸盐膜层的方法，所得膜层一般称为钝化膜。钝化膜与基体结合良好，结构紧密，有很好的化学稳定性和耐蚀性，对基体有很好的保护作用；另外，钝化膜颜色丰富，从无色透明到乳白色，从黄色到金黄色，从淡绿色到绿色、橄榄色、暗绿色和褐色，甚至黑色，应有尽有。钝化用途较多，可以作锌、镉等镀层的后处理，以提高其耐蚀性，也可以用作其他金属如铝、铜、镁及其合金的表面防腐蚀。

4.1.3.1 钝化膜的形成过程

钝化是在金属和溶液界面处进行的多相反应，过程复杂，一般可认为是经历了以下三个过程：①金属表面被氧化并以离子的形式转入溶液，同时有氧气析出；②所析出的氢气促使一定数量的六价铬还原为三价铬，并由于金属和溶液界面处的 pH 值升高，使三价铬以胶体的氢氧化铬的形式沉淀；③氢氧化铬胶体自溶液中吸附和结合一定数量的六价铬，在金属界面构成具有某种组成的铬酸盐膜。这种铬酸盐膜像糨糊一样柔软，容易从表面除去，干燥并脱水后，收缩并固定于锌表面形成铬酸盐钝化膜。

4.1.3.2 钝化膜的组成和结构

钝化膜主要由三价铬和六价铬的化合物，以及基体金属或镀层金属的铬酸盐组成。基体不同，需采用不同钝化溶液和工艺，得到的膜层组成、结构及颜色也不相同，表 4-4 中所列为一些典型钝化工艺及所得膜层的组成和颜色。可见，膜层的颜色与组成是对应的。

表 4-4　典型钝化工艺及膜层的组成颜色

基体金属	钝化液组成	膜层组成	膜层颜色
锌	重铬酸钠、硫酸	α-CrO_3、ZnO	黄绿色
	铬酸	α-$CrOOH$、$4ZnCrO_4 \cdot K_2O \cdot H_2O$	黄色
镉	铬酸或重铬酸盐	α-$CrOOH$、$Cr(OH)_3$、γ-$Cd(OH)_2$	黄褐色
	重铬酸钠、硫酸	$CdCrO_4$、α-$CrOOH$	绿黄色
铝	铬酸、氟化物、添加剂	α-$AlOOH \cdot Cr_2O_3$、α-$CrOOH$、$Cr(NH_3)_3NO_2CrO_4$	无色、黄色和红褐色
	铬酸、重铬酸盐	α-$CrOOH$、γ-$AlOOH$	褐色、黄色

在钝化膜中，不溶性的化合物构成了膜的骨架，使膜层具有一定的厚度。由于它本身具有较高的稳定性，因而使膜具有良好的强度。六价铬化合物以夹杂的形式或被吸附或化学键作用，分散填充在膜层骨架空隙内部。若膜层受到了轻度损伤，可溶性的六价铬化合物能使损伤消除再次钝化，有很好的修补作用。所以，可以认为，钝化膜中六价铬化合物越多，膜层的耐蚀性越好。

4.1.3.3　钝化工艺

工业生产中钝化处理广泛应用于提高钢铁上镀锌和镀镉层的耐蚀性上。锌、镉的钝化液主要由六价铬的化合物（铬酸、碱金属的重铬酸盐）和活化剂（硫酸、硝酸、磷酸、盐酸、氢氟酸等无机酸及其盐，以及醋酸、甲酸等有机酸及其盐）等组成，表 4-5 为几种金属及合金的钝化工艺。

表 4-5　钝化工艺

材料	钝化液浓度/(g/L)		pH 值	溶液温度/℃	处理时间/s
锌	铬酐	5	0.8~1.3	室温	3~7
	硫酸	0.3mL/L			
	硝酸	3mL/L			
	冰醋酸	5mL/L			
镉	铬酐	50	0.5~2.0	10~50	15~120
	硫酸	5mL/L			
	硝酸	5mL/L			
	磷酸	10mL/L			
	盐酸	5mL/L			

材料	钝化液浓度/(g/L)		pH 值	溶液温度/℃	处理时间/s
锡	铬酸钠	3	11~12	90~96	3~5
	重铬酸钾	2.8			
	氢氧化钠	10			
	润湿剂	2			

4.1.3.4 影响钝化膜质量的因素

影响钝化膜质量的因素如下。① 三价铬的影响：三价铬含量增加，形成的钝化膜厚度增大；② Cr^{6+}/SO_4^{2-} 浓度比的影响：钝化液中，Cr^{6+}/SO_4^{2-} 浓度比直接影响钝化膜的颜色和厚度，图 4-2 给出了总质量分数（Cr^{6+} 和 SO_4^{2-}）不变的条件下，Cr^{6+}/SO_4^{2-} 浓度比与钝化膜颜色的关系，可见，Cr^{6+}/SO_4^{2-} 浓度比不同，则膜层颜色不同；③pH 值的影响：pH 值对钝化膜形成影响很大，只有达到最佳 pH 值，才能得到良好的较厚的钝化膜，否则，或者膜层不能形成，或者膜层很薄；④钝化温度的影响：一般，钝化温度升高，钝化层生成速率增大；⑤干燥温度的影响：最好不要在高于50℃下干燥，因为高于此温度时，钝化膜中六价铬含量会降低，影响膜的自愈合能力，且在温度大于 70℃时，膜层开始出现龟裂现象。

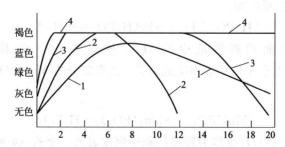

图 4-2　Cr^{6+}/SO_4^{2-} 浓度比与锌表面钝化膜颜色的关系

1—总浓度 0.7g/L；2—总浓度 1.1g/L；3—总浓度 7.7g/L；4—总浓度 22.2g/L

4.1.4 磷化

把金属放入含有锰、铁、锌的磷酸盐溶液中进行化学处理，使金属表面生成一层难溶于水的磷酸盐保护膜的方法，叫做金属的磷酸盐处理，简称磷化，所得膜层称为磷化膜。磷化膜为多孔结构，与基体结合牢靠，具有良好的吸附性、润滑性、耐蚀性、不黏附熔融金属（锡、铝、锌）性及较高的电绝缘性。磷化膜主要用作涂料的底层、冷金属加工的润滑层、金属表面保护层及电极硅钢片的绝缘处理，压铸模具的防粘处理等。磷化膜厚度一般为 5～20μm。磷化处理所需设备简单、操作方便、成本低、生产效率高，被广泛用于汽车、船舶、航空航天、机械制造及家电等工业生产中。

4.1.4.1　钢铁磷化处理

钢铁的磷化处理是应用较广泛的一种磷化工艺，一般在含锰、铁、锌的磷酸二氢盐与磷酸盐溶液中进行，可在基体表面分别获得锰系、锌系、铁系磷化膜。磷化膜形成机理如下。

（1）锰系磷化机理　在以锰的磷酸二氢盐溶液为主的磷化液中，讨论锰系磷化机理。溶液为 30g/L 的磷酸二氢锰，溶于水后先于 97～99℃下加热 1h，使其达到电离反应平衡：

$$Mn(H_2PO_4)_2 \Longrightarrow MnHPO_4 + H_3PO_4 \qquad (4-33)$$

得到的是三种组分组成的平衡溶液。把净化后的钢铁浸入该溶液中，则发生反应为：

$$2H_3PO_4 + Fe \longrightarrow Fe(H_2PO_4)_2 + H_2\uparrow \qquad (4-34)$$

氢气析出而消耗溶液中的 H^+，使式（4-33）右移，生成 $MnHPO_4$ 沉积于钢铁表面生成膜层，还有部分的 $MnHPO_4$ 进一步反应为：

$$3MnHPO_4 \longrightarrow Mn_3(PO_4)_2 + H_3PO_4 \qquad (4-35)$$

产物 $Mn_3(PO_4)_2$ 也作为膜层沉积于钢铁表面。而式（4-34）一直发生，产物 $Fe(H_2PO_4)_2$ 发生如下的反应：

$$Fe(H_2PO_4)_2 \longrightarrow FeHPO_4 + H_3PO_4 \qquad (4-36)$$

$$3Fe(H_2PO_4)_2 \longrightarrow Fe_3(PO_4)_2 + 4H_3PO_4 \qquad (4-37)$$

产物也共沉积于膜层之中。

所以，最终膜层是由 $MnHPO_4$、$Mn_3(PO_4)_2$、$FeHPO_4$、$Fe_3(PO_4)_2$ 共同沉积并相互作用而得。

(2) 锌系磷化机理 锌系磷化膜的生成机理与锰系的相同，在以磷酸二氢锌为主的溶液中，先发生水解反应及铁的氧化反应：

$$3Zn(H_2PO_4)_2 \xrightarrow{\text{水解}} 4H_3PO_4 + Zn_3(PO_4)_2 \qquad (4\text{-}38)$$

$$2H_3PO_4 + Fe \longrightarrow Fe(H_2PO_4)_2 + H_2 \uparrow \qquad (4\text{-}39)$$

式 (4-39) 耗氢使式 (4-38) 右移，形成 $Zn_3(PO_4)_2$ 为主的膜层。同时，$Fe(H_2PO_4)_2$ 还可以生成 $FeHPO_4$、$Fe_3(PO_4)_2$ 共沉积于膜层之中。

(3) 铁系磷化机理 铁系磷化按照磷化工艺过程的温度高低，有两种方式，一种加热，一种常温。

采用加热磷化方式时，先溶解 $10\sim15g/L$ 的 NaH_2PO_4 溶液，加热到 $50℃$ 的温度，在此温度下，首先发生水解反应：

$$2NaH_2PO_4 \xrightarrow{\triangle} Na_2HPO_4 + H_3PO_4 \qquad (4\text{-}40)$$

轻微水解使溶液的 pH 值在 $5.5\sim6$ 之间。达到水解平衡后将该溶液喷淋于钢铁表面，二者接触发生如下反应：

$$2H_3PO_4 + Fe \longrightarrow Fe(H_2PO_4)_2 + H_2 \uparrow \qquad (4\text{-}41)$$

$$3Fe(H_2PO_4)_2 \longrightarrow Fe_3(PO_4)_2 + 4H_3PO_4 \qquad (4\text{-}42)$$

生成的 $Fe_3(PO_4)_2$ 沉积于钢铁表面形成膜层主要组分。另外，铁在 pH 值 $5.5\sim6$ 之间的含氧溶液中，还会发生氧化反应：

$$Fe + 2H_2O + 0.5O_2 \longrightarrow Fe(OH)_2 + H_2O \qquad (4\text{-}43)$$

$$2Fe(OH)_2 + 0.5O_2 \longrightarrow Fe_2O \cdot 4(OH) \qquad (4\text{-}44)$$

$$Fe_2O \cdot 4(OH) \longrightarrow Fe_2O_3 + 2H_2O \qquad (4\text{-}45)$$

产物 Fe_2O_3 也作为膜层的主要组分沉积下来。

若 NaH_2PO_4 溶液溶解后不加热，直接喷淋于钢铁件表面，则发生的反应是：

$$4Fe + 8NaH_2PO_4 + 4H_2O + 2O_2 \longrightarrow 4Fe(H_2PO_4)_2 + 8NaOH$$

$$(4\text{-}46)$$

部分：

$$2Fe(H_2PO_4)_2+2NaOH+\frac{1}{2}O_2 \longrightarrow 2FePO_4+2NaH_2PO_4+3H_2O$$

$$(4-47)$$

部分：

$$2Fe(H_2PO_4)_2+6NaOH+\frac{1}{2}O_2 \longrightarrow 2Fe(OH_3)+2NaH_2PO_4+$$
$$2Na_2HPO_4+H_2O \qquad (4-48)$$

$Fe(OH)_3$ 可沉积于膜层中，或者有一部分再发生反应为：

$$2Fe(OH)_3 \longrightarrow Fe_2O_3+3H_2O \qquad (4-49)$$

所以产物 Fe_2O_3 也是膜层的组分之一。

① 磷化液配方及工艺规范。根据磷化处理的温度，磷化工艺有高温磷化（90℃左右）、中温磷化（50～70℃）及常温磷化(15～34℃) 三类。根据不同要求，选用不同的磷化工艺。表4-6及表4-7分别是典型的工艺配方和三类磷化工艺的优缺点。

表4-6　钢铁磷化工艺

溶液组成的质量浓度/(g/L)　溶液组成	高温		中温		常温	
	1	2	3	4	5	6
磷酸二氢锰铁盐	30～40		40		40～65	
磷酸二氢锌		30～40		30～40		50～70
硝酸锌		55～65	120	80～100	50～100	80～100
硝酸锰	15～25		50			
亚硝酸钠						0.2～1
氧化钠					4～8	
氟化钠					3～4.5	
乙二胺四乙酸			1～2			
游离酸度/点[①]	3.5～5	6～9	3～7	5～7.5	3～4	4～6
总酸度/点[①]	36～50	40～58	90～120	60～80	50～90	75～95
温度/℃	94～98	88～95	55～65	60～70	20～30	15～35
时间/min	15～20	8～15	20	10～15	30～45	20～40

① 点数相当于滴点 10mL 磷化液，使指示剂在 pH=3.8（对游离酸度）和 pH=8.2（对总酸度）变色时所消耗的浓度为 0.1mol/L 氢氧化钠溶液的体积（mL）。

表 4-7 钢铁高温、中温、常温磷化工艺对比

磷化类型	优点	缺点
高温	膜层厚,耐蚀、耐热、结合力好,硬度高,磷化速率高	工作温度高,能耗大,蒸发量大,膜层结晶粗细不均
中温	耐蚀,溶液稳定,磷化快,效率高	溶液复杂,调整麻烦
常温	节约能源,成本低,溶液稳定	耐蚀性差,结合力欠佳,磷化时间长,效率低

② 磷化过程。一个完整的磷化过程由表面预处理、磷化处理、磷化膜后处理三个大的过程构成。

表面预处理包括除油、防锈、防污、活化等过程,目的是得到新鲜干净的基体表面,获得优质的、结合良好的磷化膜层。

工件表面清理干净后,即可对其进行磷化处理。应根据要求,选择适宜的磷化溶液及工艺参数,以得到最好的磷化膜层。

对磷化膜进行必要的填充、封闭等后处理可进一步提高其防护能力等性能。一些常见的后处理有:重铬酸钾封闭、无机物精饰、染色、涂油脂、涂漆等。

4.1.4.2 有色金属的磷化

除了钢铁外,磷化处理同样可应用于 Al、Zn、Cu、Mg 等有色金属及其合金。但有色金属表面的磷化膜质量较差,一般只用于涂漆的打底层。

有色金属磷化常采用磷酸锌基磷化液,以氟化物为添加剂。如铝及铝合金的典型磷化液为:

$$CrO_3 \qquad 7\sim12g/L$$
$$H_3PO_4 \qquad 58\sim67g/L$$
$$NaF \qquad 3\sim5g/L$$

控制溶液中 F^-/CrO_3 浓度比为 0.1～0.4,pH 值 1.5～2.0,可获得较好的磷化膜层。

4.2 薄膜在液相中的电化学转化制备

上一节所述化学转化处理,均是在水溶液中利用化学反应使金属表面获得镀层。若通过外加电源使材料表面获得一定组成和性能的镀层，则得电化学转化膜，处理方法称为电化学转化处理，包括电镀、阳极氧化、微弧氧化等工艺。

4.2.1　电镀

电镀是指用电化学方法在镀件表面沉积金属镀层的工艺。在含有欲镀金属盐的溶液中，以镀件为阴极，通过电解作用，使溶液中欲镀金属的阴离子在镀件表面沉积出来，成为膜层。电镀的目的在于改变材料外观，提高材料各种物理、化学性能，赋予材料表面特殊的耐磨、耐蚀、装饰、焊接等性能及光、电、声、磁、热等功能特性。

4.2.1.1　基础知识

（1）电镀溶液　电镀溶液中组分较多，大多包含：①提供沉积金属离子的主盐；②与沉积金属离子形成稳定络合物，改变镀液的电化学性能及金属离子的电沉积过程的络合剂（氰化物、焦磷酸盐、酒石酸盐、柠檬酸等）；③提高镀液导电能力，降低镀液槽压，提高电镀电流密度的导电盐（硫酸钠、碱金属盐等）；④稳定镀液的酸碱度的缓冲剂；⑤阳极活化剂；⑥特殊添加剂等。

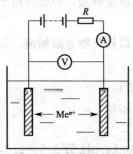

图 4-3　电镀装置简图

（2）电镀反应　如图 4-3 所示电镀简图，被镀零件作阴极，连直流电源负极，金属 Me 阳极则与电源正极相连，两电极浸入电镀液后，电源接通并施加一定电压，在电流作用下，镀液中的阳离子同镀件表面扩散并获得电子发生还原反应，生成的金属 Me 沉积于镀件表面形成镀层，阳极金属 Me 刚好相反，发生的是金属 Me 的氧化溶解，释放出电子生成金属离子 Me^{n+}。镀件阴极表面的还原反应及阳极 Me 金属表面的氧化反应分别如下。

阴极（镀件）：　　$Me^{n+} + ne \longrightarrow Me\downarrow$　　　　（4-50）

阳极（Me）： $\qquad$ Me$-n$e $\longrightarrow$ Me^{n+} $\qquad$ (4-51)

此外，电极表面还可能发生一些副反应。如阴极表面上会有溶液中 H^+ 的还原反应：

$$2H^+ + 2e \longrightarrow H_2\uparrow \qquad (4-52)$$

电镀过程中，阴极镀件表面不停有金属 Me 析出，阳极金属 Me 不断溶解进入镀液。金属析出或溶解的量与通过的电量有关，法拉第通过大量实验结果，得出了与此相关的法拉第定律。

法拉第第一定律：电极上析出或溶解的物质的质量与电解反应通过的电荷量成正比，即：

$$m = kQ \qquad (4-53)$$

式中，m 为电极上析出或溶解的物质的质量，kg；k 为比例常数，与电镀镀层种类有关的参数，kg/C；Q 为通过的电量，C。

因为电量 Q 与电流 I 的关系为：$Q = It$，所以法拉第第一定律还可以写成：

$$m = kIt \qquad (4-54)$$

式中，I 为电流，A；t 为通电时间，s。这样，只要测定通过的电流大小，并知道电镀的通电时间，就可根据上式计算理论的物质析出量或溶解量。

电镀时，阴极上实际析出的物质量总是小于由法拉第定律计算出的结果，这是因为，电极上不可避免地发生了副反应，消耗了部分电荷。例如镀镍时，阴极上的主反应和副反应分别如下。

主反应： $\qquad$ Ni^{2+} + 2e $\longrightarrow$ Ni $\qquad$ (4-55)

副反应： $\qquad$ 2H$^+$ + 2e $\longrightarrow$ H$_2\uparrow$ $\qquad$ (4-56)

电流效率 η 即阴极上实际析出的物质质量 m' 与理论计算析出的物质质量 m 之比，即

$$\eta = \frac{m'}{m} \times 100\% = \frac{m'}{kIt} \times 100\% \qquad (4-57)$$

这样，根据阴极电镀前后的质量差、电镀电流大小及时间，可近似计算电流效率。一般电镀，其阴极电流效率都小于 100%，对于阳极，有时会出现 $\eta > 100\%$ 的情况。

电流效率是电镀的重要参数，是电镀生产的一种重要经济技术指标。提高它，可提高镀层的沉积效率、节约能源，提高劳动生产率，有时甚至也会提高镀层质量。

(3) 镀液分散能力　镀液分散能力指镀液所具有的使金属镀层厚度均匀分布的能力，又称均镀能力。该能力越好，不同的阴极部位所沉积的金属镀层厚度越均匀。由法拉第定律可知，阴极不同部位金属镀层的沉积量与该部位电流的大小相关，这样镀层厚度均匀分布的能力也即转化成了电流在阴极上分布是否均匀的能力。所以研究厚度均匀分布问题应抓住电流均匀分布这一关键。

(4) 镀液覆盖能力　镀液覆盖能力又称镀液的深镀能力，指电镀液所具有的在镀件深凹处沉积金属镀层的能力。分散能力和覆盖能力是两个不同的概念，前者说明镀层在阴极表面分布均匀程度的问题，前提是镀件表面有镀层；后者指金属在镀件表面的深凹处有无镀层的问题，要注意加以区别。

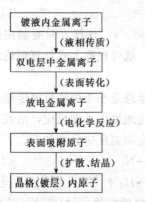

图 4-4　金属电镀的电沉积过程

(5) 金属电沉积过程　金属电沉积过程指在电流作用下，镀液中金属离子在阴极表面上还原并沉积形成金属镀层的过程。如图 4-4 所示，为金属电沉积过程示意图。可见，完成一个电沉积过程，需要经过液相传质、表面转化、电化学反应、扩散结晶四个步骤。电镀时，这几步同时发生，但速度不同，速度最慢的为电镀的控制步骤。

① 液相传质。液相传质是镀液中金属的水合或络合离子向阴极镀件表面迁移，到达阴极双电层中的过程。镀液中离子的迁移有三种方式：a. 电迁移。电迁移是液相中带电粒子在电场作用下向电极运动的过程，其驱动力是电场梯度。电镀时镀液中不仅有欲镀金属离子，还有许多其他离子，它们也同样会发生电迁移，且会相互影响。b. 对流。当采用阴极移

动或搅拌等形式时，镀液中存在对流现象，离子随液体的流动发生的迁移为对流迁移。当对流强烈时，对流传质是电镀液相传质的主要方式。而当不采用阴极移动或搅拌时，对流现象几乎不存在。

c. 扩散。镀液中存在浓度梯度时，离子在其驱动下的传输过程，为扩散过程。电镀时，由于阴阳两极上金属离子的析出和溶解，浓度梯度总是存在，所以扩散传质也是一直存在的。

② 表面转化。水合金属离子或络合金属离子通过双电层到达阴极表面后，不能直接放电生成金属原子，必须先经过表面转化步骤，释放结晶水由水合程度大的变成水合程度小的，或释放络合离子由络合程度大的变成络合程度小的，才可以进一步发生电化学反应。

③ 电化学反应。金属离子在电极表面与电子发生电化学还原反应生成吸附态原子的过程，为电化学步骤：$Me^{n+} + ne \longrightarrow Me_{ad}$。

④ 扩散、结晶。吸附态原子生成后，经表面扩散到达晶格生长点并进入晶格，成为镀层的组分，或者吸附态原子相互碰撞吸引，形成新的晶核并长大成晶体。

（6）影响电镀质量的因素　影响电镀质量的因素很多，如镀液、电镀规范、基体金属的种类、基体前处理等。其中：a. 镀液 pH 值主要影响镀液中氢的放电电位、碱性夹杂物的沉积、络合物及水合物的组成、添加剂的吸附程度等，应视具体情况由实验确定；b. 添加剂可提高极化作用；c. 电流密度低，会使极化作用小导致镀层结晶粗大甚至无镀层生成，电流密度大则镀层的晶粒细，但若电流密度过高，会使镀层出现海绵体、枝晶状、烧焦、发黑等现象，导致镀层恶化；d. 电流波形通过影响阴极电位及电流变化来影响阴极的沉积，进而影响镀层的组织、结构甚至成分，使镀层的性能、外观发生变化；e. 提高电镀处理温度，可以提高扩散作用而降低浓差极化，提高脱水过程，提高阴极活性而降低电化学极化，并可提高电流密度的上限，提高镀液中盐类的溶解，提高镀液的导电和分散能力改善镀层的韧性；f. 电镀过程中进行搅拌会降低阴极极化，使镀层晶粒变粗，但搅拌可以提高电流密度，降低浓差极化，提高生产率，增强整平效果。

(7) 电镀的前处理和后处理　镀前处理是为得到新鲜、干净的金属表面，以获得高质量的镀层，电镀前一定要对镀件进行必要的前处理，包括去油脱脂、去锈蚀、除灰等。

镀后处理的目的是进一步提高电镀镀层的防护能力，电镀后需进行一定的后处理，包括钝化、封闭、除氢等。钝化指在一定溶液中对电镀后的镀件进行的化学处理，可在镀层上形成坚硬、致密、稳定的薄膜。进一步增强镀层的耐蚀性、光亮度、抗污能力。电镀过程中会有氢渗入镀层中，引起镀层脆性增大，容易出现开裂，为消除这种氢脆的不利影响，可在一定温度下对镀层热处理一定时间，称为除氢。

4.2.1.2　电镀金属

利用电镀工艺可获得单金属电镀镀层。如镀锌主要用于钢铁等黑色金属的防腐处理。电镀锌工艺主要有酸性和碱性两种镀液，阳极使用纯锌。酸性镀液价廉且电流效率高，电镀速度快，缺点是均镀能力差。碱性镀液价格高，但均镀能力好。表 4-8 为典型的电镀锌工艺。

表 4-8　电镀锌工艺

镀液组成的浓度 /(g/L) 镀液组成	酸性镀液		碱性镀液
	铵盐镀液	钾盐镀液	锌酸盐镀液
氯化锌	30~40	50~100	
氧化锌			8~12
氯化铵	220~260		
氯化钾		150~250	
硼酸		20~30	
氢氧化钠			100~120
光亮剂	适量	适量	
pH 值	6~6.5	4.5~6	
温度/℃	15~35	10~30	10~40
阴极电流密度/(A/dm²)	1~4	1~4	1~2.5
备注	光亮剂一般含亚苄基丙酮、平平加，多数用专门的供应商的产品	光亮剂同铵盐镀液	一般采用专门的供应商的光亮剂，如 DE、DPE 等

镀铜层是一种重要的预镀层，一些防护装饰性镀层的底层采用电镀铜层，同时也可改善基体与镀层间的结合强度。此外，镀铜还可用于钢铁件的防渗碳提高耐蚀性、印刷线路板、塑料电镀提高其抗热冲击和电铸模等方面。铬是重要的防护、装饰性镀层，具有美丽的光泽，耐腐蚀，硬度高且摩擦系数小，可用于装饰，耐磨损、耐腐蚀及零件修复。镀镍可用作表面镀层，也可作为多层电镀的底层或中间层，如钢铁上采用的 Cu-Ni-Cr 防护层。

4.2.1.3 电镀合金

在阴极上同时沉积出两种或两种以上金属，形成结构和性能符合要求的镀层的工艺过程，称为电镀合金。电镀合金过程复杂，需要考虑的因素较多，发展比较缓慢。这里以电镀二元合金为例介绍一些电镀合金的内容，电镀二元以上的合金镀层要更加复杂一些，但基本原理、过程与之相似。电镀合金具有如下特点：①可制取高熔点与低熔点组成的合金镀层，如 Sn-Ni 合金镀层；②可制取组织致密、性能优异的非晶态合金，如 Ni-P 合金镀层；③可制取平衡相图没有的、与冶炼合金明显不同的物相，如过饱和固溶体、高温相、混合相、金属间化合物等；④单独从水溶液中不能析出的金属，如 W、Mo、Ti 等，可以以合金的形式析出，如 Ni-W、Ni-Mo、Cd-Ni 等合金镀层；⑤合金电镀还可以出现电位较负的金属优先析出的现象。

(1) 电镀合金基本原理

① 合金共沉积的条件。两种离子要实现共沉积除了具备单金属离子电沉积的条件外，还必须具备以下两个条件：第一，两种金属中至少有一种金属能从其盐类的水溶液中沉积出来。如 W、Mo 等金属不能从其盐的水溶液中沉积出来，但可借助诱导沉积与铁族金属共沉积。第二，共沉积的两种金属沉积电位必须十分接近。如果相差太大，电位较正的金属会先沉积，甚至完全排斥电位较负金属的沉积。电位接近也即是：

$$\varphi_1^\ominus + \frac{RT}{n_1 F}\ln a_1 + \Delta\varphi_1 = \varphi_2^\ominus + \frac{RT}{n_2 F}\ln a_2 + \Delta\varphi_2 \qquad (4\text{-}58)$$

式中，$\varphi_1^\ominus$，$\varphi_2^\ominus$ 为两金属离子的标准电极电位，V；a_1，a_2 为两金属离子的活度，mol/L；$\Delta\varphi_1$，$\Delta\varphi_2$ 为两金属离子的析出过电位，V；T 为电镀液温度，K。

25℃时，近似用质量分数 w 代替活度 a，则有

$$\varphi_1^\ominus + \frac{0.059}{n_1}\ln w_1 + \Delta\varphi_1 = \varphi_2^\ominus + \frac{0.059}{n_2}\ln w_2 + \Delta\varphi_2 \quad (4\text{-}59)$$

为了实现合金共沉积的条件，使金属离子电位接近，可采取如下措施。

a. 改变金属离子浓度。包括提高较活泼金属离子的浓度，使其电位正移，降低贵金属离子浓度，使其电位负移。

b. 采用络合剂。这是使电位相差大的金属离子实现共沉积的最有效方法。络合剂的加入能降低金属离子的有效浓度，使电位较正的金属离子平衡电位负移的绝对值大于电位较负的金属离子平衡电位正移的绝对值。如表 4-9 所示，相同条件下，三种金属离子被氰化物络合前后的平衡电位变化是不同的。

表 4-9   金属离子络合前后的平衡电位

金属离子	络合前平衡电位/V	络合后平衡电位/V	平衡电位变化/V
Ag^+	0.8	−0.31	1.11
Cu^{2+}	0.34	−0.76	1.1
Zn^{2+}	−0.76	−1.08	0.32

c. 采用适当添加剂。少量添加剂一般不会影响平衡电位，但可提高或降低阴极极化，改变金属离子的析出电位，从而实现合金的共沉积。如明胶作为电镀合金添加剂可使铜、铝实现共沉积。

② 合金共沉积类型。根据镀液组成和工艺参数对沉积镀层的影响特征，合金电镀可分为以下五种类型。

a. 正则共沉积。正则共沉积受扩散过程控制，电镀参数通过影响金属离子在阴极扩散层中的浓度变化来影响合金镀层的组成。通过提高镀液中金属离子总含量、降低电流密度、提高温度、增强搅拌等方法，可提高扩散层中金属离子浓度，从而使电位较正金属

在镀层中含量增加。

这类共沉积主要是单盐镀液合金共沉积，如 Co-Ni、Cu-Bi、Al-Sn 等合金镀层，沉积过程都属此类型。

b. 非正则共沉积。非正则共沉积的合金沉积过程主要受阴极电位控制，扩散作用较小。有些电镀参数对合金沉积的影响遵守扩散理论，有些与扩散理论相矛盾，所以称为非正则共沉积。这类合金沉积主要出现在采用络合剂沉积的镀液体系中。如：Ag-Cd、Cu-Zn 合金镀层等。

c. 平衡共沉积。当两金属在镀液中的平衡电位接近时，出现平衡共沉积。其特点是低电流密度下，合金镀层中金属的含量比几乎等于镀液中金属离子比。属于这种类型的合金沉积不多，Cu-Bi、Pb-Sn 合金镀层在酸性镀液中沉积时属该类型。

d. 异常共沉积。电镀合金时出现电位较负的金属反而优先析出，不遵守电化学规律的现象，称异常共沉积。此时合金沉积过程出现了其他特殊的过程控制因素。异常共沉积现象很少见，如：Ni-Co、Fe-Co、Fe-Ni、Zn-Ni、Zn-Fe、Ni-Sn 等合金镀常属于此类型。

e. 诱导共沉积。W、Mo、Ti 等金属不能单独从水溶液中实现电镀沉积，但它们可以与 Fe 族元素共沉积，形成合金镀层，这一过程称为诱导共沉积。Fe 族元素称为诱导金属，Ni-Mo、Co-Mo、Ni-W、Co-W 等合金镀层的沉积都属于此类型。

大多数合金镀层的沉积过程都可以归属于上述五种类型，其中，前三种又常称为常规共沉积、后二者称为非常规共沉积。

(2) 电镀 Cu-Sn 合金（电镀青铜） Cu-Sn 合金俗称青铜，具有悠久的应用历史。根据合金中合金元素锡的含量，青铜有三类：低锡青铜，合金中锡质量分数小于 15%；中锡青铜，合金中锡质量分数介于 15%～40% 之间；高锡青铜，合金中锡质量分数大于 40%。电镀青铜镀层具有孔隙率低，耐蚀性好，容易抛光，能直接套铬等优点，应用广泛。表 4-10 所示为典型的电镀青铜的工艺。

表 4-10　电镀青铜工艺

镀液组成/(g/L)	低锡	中锡	高锡
氰化亚铜	20~25	12~14	13
锡酸钠	30~40		100
氯化亚锡		1.6~2.4	
游离氰化钠	4~6	2~4	10
氢氧化钠	20~25		15
三乙醇胺	15~20		
酒石酸钾钠	30~40	25~30	
磷酸氢二钠		50~100	
明胶		0.3~0.5	
pH 值		8.5~9.5	
温度/℃	55~60	55~60	64~66
阴极电流密度/(A/dm²)	1.2~2	1.0~1.5	8

　　目前工业生产中电镀青铜大多采用氰化物-锡酸盐镀液，该工艺比较成熟，应用广泛。主盐一般选用氰化亚铜（提供 Cu^+）和锡酸钠或氯化亚锡（可提供 SnO_3^{2-} 或 Sn^{2+}），分别提供镀层中的金属铜和锡。生产中一般以 NaCN 为络合剂络合 Cu^+，以 NaOH 为络合剂络合 Sn^{2+}。在适宜的电流密度和电镀温度下可获得较好的镀层。

　　(3) 电镀 Cu-Zn 合金（电镀黄铜）　Cu-Zn 合金俗称黄铜，一般电镀所得膜层具有金色外观，广泛应用于钢铁件的装饰防护，另外，黄铜电镀层还可作为钢丝与橡胶黏结的中间镀层或其他金属镀层的底层。随着合金中铜含量的增加，其颜色变化为白、黄、红，目前，含铜 70%～80%的黄铜电镀镀层应用最广泛。

表 4-11　电镀黄铜工艺

镀液组成/(g/L)	仿金黄铜	热压橡胶用黄铜	白黄铜
氰化亚铜	20	26~31	17
氰化锌	6	9~11.3	64
游离氰化钠		6~7	31
总氰化钠	50	45~60	85
碳酸钠	7.5	30	
氢氧化钠			60
硫化钠			4
锡酸钠	2.4		
氨水（质量分数 28%）		1~3mL/L	
酒石酸盐			0.4

续表

镀液组成/(g/L)	仿金黄铜	热压橡胶用黄铜	白黄铜
pH 值	12.7～13.1	10～11.5	12～13
温度/℃	20～25	30～45	25～40
阴极电流密度/(A/dm²)	2.5～5	0.3～1	1～4

　　表 4-11 中即是一些典型的电镀黄铜工艺。工业上一般用氰化物镀液进行黄铜的电镀生产，它有一个含氰废液的处理问题，因此目前无氰电镀虽有研究，但未进入工业化生产阶段。

4.2.1.4　电刷镀

　　电刷镀是电镀技术中的一个重要分支，是有槽电镀技术的发展，除了与有槽电镀的共同作用之外，它更偏重于工件的局部修复和中小批量工件表面的功能性强化。与有槽电镀相同，电刷镀仍然依靠电流的作用来获得所需的金属镀层，因此，许多普通电镀的电化学原理和定律都适用于电刷镀。

　　(1) 电刷镀基本原理　如图 4-5 所示，电刷镀时，被镀工件与专用直流电源的负极相连，刷镀专用刷镀笔与电源正极相连，刷镀笔上的阳极表面包裹易于吸水的棉花、棉纱布或脱脂包套，蘸上电刷镀专用镀液，与工件待镀表面接触并相对运动。电源接通后，电解液中的金属离子在电场作用下向工件表面迁移，从工件表面获得电子后还原成金属离子，结晶沉积在工件表面上形成金属镀层。随着时间延长，镀层逐渐增厚。为了稳定地向工件表面液层提供足够

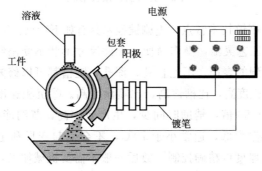

图 4-5　电刷镀工作原理示意

的被镀金属离子，高浓度的刷镀液可不断地蘸用，也可用注射管、液压泵不断地滴入。

（2）电刷镀设备　电刷镀的主要设备是专用直流电源和刷镀笔，以及一些辅助器具和材料。其中可无级调节电压的专用直流电源可提供电压范围为0～50V，电流范围0～150A，专用直流电源一般由整流电路、正负极性转换装置、过载保护电路及安培计（或镀层厚度计）等几部分组成。刷镀笔由绝缘手柄、阳极和散热装置组成，阳极是镀笔的工作部件，材料大多采用不溶的石墨，当阳极尺寸小到无法采用石墨时也可采用铂铱合金，图4-6为典型的刷镀阳极，其形状依被镀零件的局部表面形状而定。阳极表面包裹的棉套起到储存电镀液的作用，防止两极接触产生电弧烧伤零件表面并防止石墨粒子脱落污染镀液。

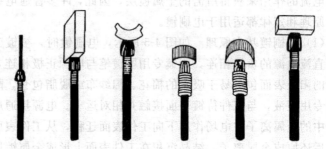

(a) 圆柱形　(b) 平板形　(c) 瓦片形　(d) 圆饼形　(e) 半圆形　(f) 板条形

图 4-6　典型刷镀阳极形状

（3）电刷镀技术特点　电刷镀技术具有如下特点：①无电镀槽，设备简单，工艺灵活，操作简便。工件尺寸形状不受限制，凡刷镀笔可以触及到的表面，不论盲孔、深孔、键槽都可以修复。②镀层与基体结合强度高，比槽镀高，比喷涂更高。③沉积速度快，一般为槽镀的5～50倍，辅助时间少，生产效率高，节约能源与工时。④工件加热温度低，通常小于70℃，不会引起变形和金相组织变化。⑤镀层厚度可精确控制，镀后一般不需要机械加工，可直接使用。⑥操作安全，对环境污染小，不含毒品，储运无防火要求。

⑦适应材料广，常用金属材料基本上都可用电刷镀进行修复。电刷镀最明显的缺点是劳动强度大，消耗阳极包缠材料。

（4）电刷镀工艺及溶液　电刷镀工艺包括以下几步。

① 镀前预处理。为了提高镀层与基体的结合强度，被镀表面必须预先进行严格的预处理，包括表面整修、表面清理、电净处理和活化处理，所以需要用到电净液与活化液。用电解的方法清除零件表面油污及杂质即为电净处理，所用电净液一般是无色透明的碱性溶液，－10℃不结冰，可长期存放，腐蚀性小。零件电净处理后用清水冲洗。用电解的方法除去零件金属表面的氧化膜称为活化处理，目的是使零件表面露出金属光泽，为镀层与基体金属结合创造条件。活化液有两种：无色的 2 号活化液和草绿色的 3 号活化液，均有腐蚀性。预处理后的零件表面应光滑平整，无油污、无锈斑和氧化膜等。

② 零件电刷镀。一般需先刷镀打底层，再刷镀工作层。打底层也称过渡层，是为了进一步提高工作镀层与零件金属基体的结合力，一般选用特殊镍、碱铜等作为底层，厚度一般为 $2\sim5\mu m$，然后再于其上镀覆所要求的工作镀层。一般刷镀工作镀层的厚度（半径方向上）为 0.3～0.5mm，镀层厚度增加内应力加大，容易引起裂纹和使结合强度下降，乃至镀层脱落。但用于补偿零件磨损尺寸时，需要较大厚度，则应采用组合镀层。刷镀工作层所用刷镀溶液一般分为酸性和碱性两大类。酸性溶液比碱性溶液沉积速度快 1.5～3 倍，但绝大部分酸性溶液不适用于材质疏松的金属材料，如铸铁，也不适用于不耐酸腐蚀的金属材料，如锡、锌等。碱性和中性电镀溶液有很好的使用性能，可获得晶粒细小的镀层，在边角、狭缝等盲孔等处有很好的均镀能力，无腐蚀性，适于在各种材质的零件上镀覆。

③ 镀后处理，包括残积物清除和镀层的防护。此外，为了除去不需镀覆表面上的镀层，如铬、铜、铁、钴、镍、锌等，或者不合格的镀层，还需应用退镀溶液进行退镀处理。

（5）电刷镀应用　电刷镀应用的主要目的在于强化、提高工件表面性能，取得工件的装饰性外观、耐腐蚀、抗磨损和特殊光、电、磁、热性能；也可以改变工件尺寸，改善机械配合，修复因超差或因磨损而报废的工件等。与镀液中的普通电镀相比，它更偏重于工件的修复应用和中小批量工件的功能性表面强化。因此在实践上更要求现场或在线施镀，在保证镀层品质的基础上，更强调镀层的快速高效沉积。刷镀目前主要应用于零件的表面修复、表面改性、表面强化等处理，已在航空航天、机车车辆、船舶舰艇、石油化工、纺织印染、工程机械、电子电力、文物修复、工艺品装饰、局部镀金、局部镀银等方面获得广泛应用。

4.2.1.5 非金属材料电镀

除了金属材料以外，各种绝缘的非金属材料比如石膏、木材、石墨等经过特定的处理，使其具备良好的表面状态和导电性，也可以进行电镀处理。电镀后的非金属材料可以获得金属材料的特性如导电、导磁、可焊接以及金属的外观，增强其装饰性和功能性，拓宽其使用范围。目前，非金属电镀工艺日渐成熟，在日用品、家用电器、高新技术产业和国防工业的领域得到广泛应用。常见的石膏、木材、石墨等等材料均可进行电镀处理。

非金属电镀中，如何使其获得一定的导电性并使获得的金属镀层与基体结合良好，是整个工艺的关键，所以非金属镀前预处理非常重要，例如可以先化学镀一层导电的金属镀层，或者在非金属材质表面涂覆较易镀覆的涂料或者导电胶等。其中化学镀是应用最为广泛的一种，包括：应力消除、除油脱脂、粗化、敏化、活化、化学镀等一系列过程。本文以天然树叶及鲜花的电镀为例加以介绍。

(1) 鲜花电镀　电镀后的鲜花，可长期保留鲜花最娇艳的刹那形态，比任何能工巧匠制成的花都要娇艳生动，是深受人们喜爱的装饰品。挑选电镀用的花朵要完整、美丽，可以带花柄，花朵不宜过大，花瓣层次不宜太重叠，花瓣要丰厚饱满，例如凤兰花等，有适当花叶陪衬更佳。摘花时间最好选择在上午 10 时左右，这时鲜花没有露水且花朵盛开，如果鲜花不够清洁或有水，可用肥皂水或者酒精清洗并自然晾干。

① 鲜花镀前处理。镀前处理包括粗化、敏化、活化等步骤。粗化可以采用机械法或化学法进行，比如用绒布或丝绸轻轻擦拭即是一种最为简单的机械粗化方式，化学粗化需在一定的粗化液中进行。敏化一般在含二价锡离子的敏化液中进行，目的是在鲜花表面吸附一层易于氧化的二价锡离子。敏化后紧接着是活化处理，结合敏化处理在鲜花表面形成活化中心，保证化学镀顺利进行。粗化、敏化及活化后都要进行必要的清洗。有时，为了提高镀层与鲜花的结合以及提高镀层的质量，在粗化前可对鲜花进行电镀级 ABS 塑料的涂覆或者喷漆处理，表 4-12 是一种典型的鲜花前处理条件，其中 ABS 的涂覆可以采用浸涂或者喷枪喷涂进行。

表 4-12　鲜花镀前处理条件

配方工艺	ABS 涂覆	粗化	敏化	活化
ABS 塑料颗粒(电镀级)	100g			
丙酮	300mL			
甲苯	200mL			
氧化铬(CrO_3)		70g/L		
硫酸(H_2SO_4)		125mL/L		
氯化亚锡($SnCl_2 \cdot 2H_2O$)			20～25g/L	
乙醇(CH_3CH_2OH)			1000mL	1000mL
氯化钯($PdCl_2$)				0.25g/L
温度		20～30℃	18～25℃	18～25℃
时间		1～3min	2～3min	1.5～3min

② 金属化处理。金属化一般采用化学镀进行，是鲜花电镀的关键步骤之一，可根据需要选择化学镀金属的种类，例如铜、银等。

③ 鲜花电镀。对化学镀后具有导电性的鲜花进行电镀处理，其原理及工艺与电镀方法相同。

(2) 树叶电镀　树叶电镀与鲜花电镀类似，清洗后首先进行粗化、敏化、活化处理，然后采用化学镀的方法使其金属化，最后进行电镀处理。电镀后的树叶具有金属的光泽，闪闪发光，非常漂亮。此外，树叶摘取下来以后，还可以用碱液处理以除去叶肉，留下完整的自然叶脉，再进行电镀处理，也是一种具有很好艺术气息的饰品。图 4-7（a）及（b）分别为树叶化学镀银及镀银后再光亮镀镍的照片。树叶化学镀银前先用浓肥皂水中浸泡 30min，经清水漂洗自然晾干后用丝绸来回摩擦，放入纯乙醇中浸泡 5min；之后将上述处理过的叶片放入新配制的稀氯化亚锡溶液（氯化亚锡 10g/L、盐酸 10mL/L）中浸泡 30s，取出在蒸馏水中漂洗；将树叶放入银氨溶液（200mL 的 4％硝酸银溶液，逐滴滴入 4％的氨水至产生的沉淀恰好溶解）中，并滴入 36％的甲醛溶液约 20 滴，2min 后取出用清水漂洗，叶片如图 4-7（a）所示银光闪闪。镀镍方法为传统的光亮镀镍方法，这里不再赘述。

(a) 镀银   (b) 镀银后再镀镍

图 4-7　天然树叶镀银及镀银后再镀镍照片

4.2.2　阳极氧化

阳极氧化是另一种重要的电化学转化技术，广泛应用于有色金属表面生成氧化膜的场合。尤其是铝及铝合金的阳极氧化处理，应用非常广泛。这里重点以铝的阳极氧化为例，介绍阳极氧化技术的相关内容。

铝在工业生产、日常生活中应用广泛。其表面有一层自然氧化膜，能起到一定的防护作用，但该层自然膜很薄，有时不能满足人们对其性能要求的日益提高。因此，在铝及其合金表面人为生成一层氧化膜，可大大提高其各项性能。目前在铝表面生成氧化膜的方法大体有三类：一是化学氧化；二是阳极氧化；三是微弧氧化。化学氧化已在前面述及，属于化学转化范畴，后二者属于电化学转化范畴。

4.2.2.1 铝阳极氧化膜

在一定电解液中，以铝作阳极，在电流作用下使其表面生成氧化膜的方法，称为铝的阳极氧化。不同类型的电解液，不同的工艺条件，可得到不同性质、厚度在几十至几百微米间的无定形氧化铝组成的膜层。

阳极氧化膜构造见图 4-8，氧化膜为蜂窝状的堆积细胞结构，每个细胞为一个六角柱体，其顶端为一六角星形的细胞截断面，柱体之间为氧化反应时阳极电流通道，这使得阳极氧化膜具有多孔结构，其孔隙率的大小取决于氧化时采用的电解液类型及氧化过程的工艺条件。由图 4-8 可见，氧化膜有两层结构，靠近基体金属的是一层致密且薄、厚度为 $0.01\sim0.05\mu m$ 的纯 Al_2O_3 膜，硬度高，此层即为阻挡层；外层为多孔氧化膜，由带结晶水的 Al_2O_3 组成，硬度较低。

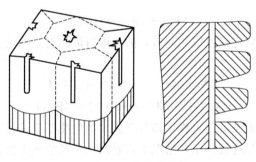

图 4-8　阳极氧化膜结构

目前铝表面阳极氧化膜的性质、用途主要有：①膜层为多孔结构，对有机物、树脂、地蜡、无机物、染料、油漆等吸附良好，作为涂层底层，可进行染色、封闭等处理。②膜层具有很高的硬度、耐磨性能，尤其是其孔隙吸附润滑剂后，其耐磨性更佳。③膜层在大气中较稳定，具有很高的耐蚀性。这一性能与膜层的厚度、组成、孔隙率及其完整性有关，也与基材成分有关。膜层如果再经过封闭或喷漆处理后，耐蚀性能会更好。④阳极氧化膜的电绝缘性能很好，有较高的绝缘电阻和击穿电压。可作为电解电容器的电介质层或电器制品的绝缘层使用，效果较佳。⑤铝表面阳极氧化膜有很好的绝热性能，在 1500℃ 下可稳定使用，其热导率在 $0.419 \sim 1.26W/(m \cdot ℃)$ 之间。⑥阳极氧化膜层的结合力较高，膜基间有很好的结合强度，膜层不易剥落。

4.2.2.2　铝阳极氧化机理

以酸性电解液中铝的阳极氧化为例，解释阳极氧化的机理。在酸性电解液中，以铝或铝合金为阳极，通电后，首先产生原子态氧 [O]，[O] 立即在阳极上与铝发生化学反应，生成了氧化铝：

$$H_2O \xrightarrow{水解} O+2H^+ +2e \tag{4-60}$$

$$3O+2Al \longrightarrow Al_2O_3 \tag{4-61}$$

阳极上总反应为：$2Al+3H_2O \longrightarrow Al_2O_3+6H^+ +6e$ (4-62)

对应阴极一般为铅或纯铝，只起导电作用，在其上一般只发生析氢反应：

$$2H^+ +2e \longrightarrow H_2 \uparrow \tag{4-63}$$

在上述氧化铝生成的同时，酸性电解液还会对铝及其氧化铝膜具有溶解作用：

$$2Al+6H^+ \longrightarrow 2Al^{3+} +3H_2 \uparrow \tag{4-64}$$

$$Al_2O_3+6H^+ \longrightarrow 2Al^{3+} +3H_2O \tag{4-65}$$

可见在阳极氧化过程中即包含膜层的电化学生成过程，又包含膜的化学溶解过程。正常情况下，膜层的生长应该由这两个相辅相成的相反过程构成，缺一不可。但是必须保证膜的生成速率大于其溶解速率，才能获得较厚的氧化膜。这可通过选择合适的电解液种类和工艺规范来达到。必须指出的是部分氧化膜的溶解是必需的，否则膜的电绝缘性将会阻止氧化电流通过而使氧化膜的继续生长受到阻滞。

此外，还可以通过典型的阳极氧化过程的电压-时间曲线来描述阳极氧化膜的生成规律。如图 4-9 所示阳极氧化膜的电压-时间曲线，可分成以下四个阶段来描述。

①无孔层形成。OA 段为无孔层形成阶段，在通电几秒至几

十秒内，铝表面立即生成薄而
致密的、具有高电阻的氧化膜，
该膜连续而无孔，高的电阻使
电压急剧上至 A 点达到极大
值，A 点对应的电压称为临界
电压，该无孔层厚度与阳极氧
化的电压呈正比，与电解液对
膜层的溶解速率呈反比。

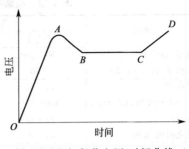

图 4-9　阳极氧化电压-时间曲线

　　② 多孔层形成。至临界点
A 点后，无孔层开始被电解液溶解，膜层发生溶解的局部微区在
电压作用下被击穿形成孔隙，电阻下降使得电压也有所下降，一般
电压的下降幅度为 $10\% \sim 15\%$，对应图中 AB 段。

　　③ 多孔层增厚。该阶段为 BC 段，是阳极氧化的主要阶段。
此时氧化膜的生成和溶解速率达到平衡，膜层生成增厚，电压较为
恒定，基本为一直线，多孔层增厚阶段时间越长，越容易获得较厚
的阳极氧化膜。

　　④ 停止阶段。如图 4-9 中 CD 段，氧化膜厚度达到一定值时，
内层氧化膜的溶解作用减缓，电阻开始上升，引起电压上升。若电
压不足以击穿内部阻挡层，则膜层停止生长。此时若再调高电压，
可击穿阻挡层，则膜层可继续增长。

4.2.2.3　铝阳极氧化工艺

　　铝的阳极氧化发展较早，目前有许多成熟的工艺在生产使用。
目前，既有酸性电解液的阳极氧化，也有碱性电解液的阳极氧化。
我们重点介绍最常用的酸性阳极氧化工艺，再对其他阳极氧化工艺
作简单介绍。

　　(1) 硫酸阳极氧化　在稀硫酸电解液中通以直流或交流电对铝
及其合金进行阳极氧化，可获得厚 $5 \sim 20\mu m$、吸附性较好的无色
透明的阳极氧化膜层。该方法工艺简单，溶液稳定，操作方便。表
4-13 是硫酸阳极氧化工艺。

表 4-13 硫酸阳极氧化工艺

项目	直流法		交流法
	配方 1	配方 2	
硫酸/(g/L)	150~200	160~170	100~150
铝离子 Al^{3+}/(g/L)	<20	<15	<25
温度/℃	15~25	0~3	15~25
阳极电流密度/(A/dm²)	0.8~1.5	0.4~6	2~4
电压/V	18~25	16~20	18~30
氧化时间/min	20~40	60	20~40
使用范围	一般铝及铝合金装饰	纯铝和铝镁合金装饰	一般铝及铝合金装饰

① 硫酸的质量浓度的影响。硫酸的质量浓度高,膜的化学溶解速率加快,所生成的膜薄软,孔隙多,吸附力强,染色性能好;降低硫酸的质量浓度,则氧化膜生长速率较快,而孔隙率较低,硬度较高,耐磨性和反光性良好。

② 温度的影响。电解液的温度对氧化膜质量影响很大,当温度在 10~20℃ 之间时,所生成的氧化膜多孔,吸附性能好,并富有弹性,适宜染色,但膜的硬度低,耐磨性较差。如果温度高于 26℃,则氧化膜变得疏松且硬度低。温度低于 10℃,氧化膜的厚度增大,硬度高,耐磨性好,但孔隙率较低。因此,生产时必须严格控制电解液的温度。

③ 电流密度的影响。提高电流密度则膜层生长速度加快,氧化时间可以缩短,膜层化学溶解量减少,膜较硬,耐磨性好。但电流密度过高,则会因焦耳热的影响,使膜层溶解作用增加,导致膜的生长速度反而下降。电流密度过低,氧化时间很长,使膜层疏松,硬度降低。

④ 时间的影响。阳极氧化时间可以根据电解液的质量浓度、温度、电流密度和所需要的厚度来确定。在相同条件下,随时间延长,氧化膜的厚度增加,孔隙增多,但达到一定厚度后,生长速度会减慢下来,到最后不再增长。

⑤ 搅拌的影响。搅拌能促进溶液对流,使温度均匀,不会造成因金属局部升温而导致氧化膜的质量下降。同时搅拌还可以使溶

液内部浓度均匀。工业生产中搅拌的设备有空压机和水泵。

⑥ 合金成分的影响。铝合金成分对膜的质量、厚度和颜色有着十分重要的影响，一般情况下铝合金中的其他元素使膜的质量下降。对 Al-Mg 系合金，当镁的质量分数超过 5％且合金结构又称非均匀体时，必须采用适当的热处理使合金均匀化，否则会影响氧化膜的透明度；对 Al-Mg-Si 系合金，随硅含量的增加，膜的颜色由无色透明经灰色、紫色，到最后变为黑色，很难获得均匀颜色的膜层；对 Al-Cu-Mg-Mn 合金，铜使膜层硬度下降，孔隙率增加，膜层疏松，质量下降。在同样氧化条件下，在纯铝上获得的氧化膜最厚，硬度最高，耐蚀性最好。

（2）草酸阳极氧化　草酸是一种弱酸，对铝及铝合金的腐蚀作用较小，因此草酸阳极氧化得到的氧化膜硬度较高，膜较厚，可达 $60\mu m$，耐蚀性好，具有良好的电绝缘性能。随铝中合金元素及含量的不同，膜层可得到各种鲜艳的颜色。

（3）铬酸阳极氧化　经过铬酸阳极氧化得到的氧化膜厚度为 $2\sim5\mu m$，孔隙率低，膜层较软，耐磨性较差。由于铝的溶解少，形成氧化膜后，零件仍能保持原来的精度和粗糙度，故该工艺适合用于精密零件的表面处理。

（4）特种阳极氧化　目前，铝的阳极氧化工艺又有了许多新的发展方向，即特种阳极氧化。如：硬质阳极氧化、瓷质阳极氧化等。

4.2.2.4　铝阳极氧化膜的着色和封闭

阳极氧化后形成的多孔膜层，大多需要进行染色和封闭等后处理，这样可获得各种不同的颜色，同时可提高膜层的耐磨、耐蚀等性能。

（1）着色　阳极氧化膜着色大体上分为染料着色和电解着色两大类。其中，染料着色根据染料分子又区分为无机染料着色和有机染料作色，电解着色根据电解过程区分为一步电解着色和两步电解着色。

① 无机染料着色。无机染料着色所用染料为无机物质，着色

机理主要是物理吸附作用，即无机颜料分子先吸附于膜层表面，然后向微孔内渗透、扩散。最终在微孔内聚集、填充，令膜层着色。该法着色色调不鲜艳，与基体结合力差，但耐晒性较好。表 4-14 是无机颜料着色的工艺规范。

表 4-14　无机颜料着色的工艺规范

颜色	组成	质量浓度/(g/L)	温度/℃	时间/min	生成的有色素
红色	醋酸钴 铁氰化钾	50～100 10～50	室温	5～10	铁氰化钾
蓝色	亚铁氰化钾 氯化铁	10～50 10～100	室温	5～10	普鲁士蓝
黄色	铬酸钾 醋酸铅	50～100 100～200	室温	5～10	铬酸铅
黑色	醋酸钴 高锰酸钾	50～100 12～25	室温	5～10	氧化钴

　　② 有机染料着色。有机染料一般采用棉、毛、丝织品染料，如直接染料、酸性染料、活性染料等，其着色机理比无机染料复杂，一般认为有物理吸附和化学反应两种方式。有机染料分子与膜层中的氧化铝化学结合的方式有：氧化铝与染料分子上的磺基形成共价键；氧化铝与染料分子上的酚基形成氢键；氧化铝与染料分子形成结合物。有机染料着色色泽鲜艳，颜色范围广，但耐晒性差。表 4-15 是有机染料着色的工艺规范。配制染色液的水最好是蒸馏水或去离子水，而不用自来水，因为自来水中的钙、镁等离子会与染料分子结合形成络合物，使染色液报废。

表 4-15　有机染料着色的工艺规范

颜色	染料名称	质量浓度/(g/L)	温度/℃	时间/min	pH 值
红色	茜素红(R)	5～10	60～70	10～20	
	酸性大红(GR)	6～8	室温	10～15	4.5～5.5
	活性艳红	2～5	70～80		
蓝色	直接耐晒蓝	3～5	15～30	15～20	4.5～5.5
	活性艳蓝	5	室温	1～5	4.5～5.5
	酸性蓝	2～5	60～70	2～15	4.5～5.5

续表

颜色	染料名称	质量浓度/(g/L)	温度/℃	时间/min	pH 值
金黄色	茜素黄(S)	0.3	70~80	1~3	5~6
	活性艳橙	0.5	70~80	5~15	
	铝黄(GLW)	2~5	室温	2~5	5~5.5
黑色	酸性黑(ATT)	10	室温	3~10	4.5~5.5
	酸性元青	10~12	60~70	10~15	
	苯胺黑	5~10	60~70	15~30	5~5.5

③ 电解着色。电解着色是把经阳极氧化的铝及其合金放入含金属盐的电解液中进行电解，通过电化学反应，使进入氧化膜微孔中的重金属离子还原为金属原子，沉积于孔底无孔层上而着色。由电解着色工艺得到的彩色氧化膜具有良好的耐磨性、耐晒性、耐热性、耐蚀性和色泽稳定持久等优点，目前在建筑装饰用铝型材上得到了广泛的应用。对于电解着色，根据所用电源，可分为交流电解着色和直流电解着色；根据着色方法，分为一步电解着色、两步电解着色和三步电解着色。表 4-16 是交流、一步电解着色工艺的举例。

表 4-16 交流、一步电解着色工艺

金属盐	溶液组成/(g/L)		温度/℃	交流电压/V	电解时间/min	膜层颜色
Se	Na_2SeO_3	5	20	8	8	浅黄色
	H_2SO_4	10				
Cu	$CuSO_4 \cdot 5H_2O$	30	20	15	2~15	粉红色至黑色
	H_2SO_4	10				
Ni	$NiSO_4 \cdot 7H_2O$	25	20	15	2~15	浅棕色至黑色
	H_3BO_3	30				
	$(NH_4)_2SO_4$	15				
Mn	$KMnO_4$	20	20	15	8	淡黄色
	H_2SO_4	20				

（2）封闭 阳极氧化膜进行封闭的目的有：固定染料、防止其渗出，提高膜层耐磨、耐蚀、耐晒、绝缘等性能。具体封闭方法有：热水封闭法、水蒸气封闭法、重铬酸盐封闭法、水解封闭法、填充封闭法等。

① 热水封闭法。热水封闭的原理为：膜层表面或孔隙的氧化

铝在热水中发生了水解，生成水合氧化铝，使膜层体积增大膨胀而孔隙缩小达到封闭的目的，水解反应为：

$$Al_2O_3 + nH_2O \xrightarrow{\triangle} Al_2O_3 \cdot nH_2O \tag{4-66}$$

其中，$n=1$ 或 3，当 $n=1$ 时，体积增加 33%，$n=3$ 时，体积增加 100%。

热水封闭用水应采取蒸馏水或去离子水，不能用自来水，以免水垢吸附于膜层孔隙中，降低膜层的透明度。实践发现，采用中性热水容易在膜层表面产生雾状外观，影响膜层光洁度，而微酸性的热水则可得到良好的封闭效果，一般可采取醋酸来达到热水的微酸性环境。下面是一种典型的热水封闭工艺。

温度：95～100℃

pH 值：5.5～6（醋酸调节）

时间：1～30min

② 水蒸气封闭法。水蒸气封闭效果优于热水封闭，但成本较高。当对装饰性要求较高时宜采用。水蒸气封闭还可以避免染料在水中发生流色，且蒸汽压力对膜层有一定压缩作用，可提高膜层的致密性。水蒸气封闭法的典型工艺如下。

温度：100～110℃

压力：0.05～0.1MPa

时间：4～5min/μm

③ 重铬酸盐封闭法。重铬酸盐封闭法在强氧化性的重铬酸钾溶液中、高温下进行，氧化铝在该溶液中发生的反应如下：

$$2Al_2O_3 + 3K_2Cr_2O_7 + 5H_2O \longrightarrow 2AlOHCrO_4 + 2AlOHCr_2O_7 + 6KOH \tag{4-67}$$

产物中碱性铬酸铝、碱性重铬酸铝、水合氧化铝共同作用，达到了封闭的目的。

典型工艺如下。

重铬酸钾：50～70g/L

温度：90～95℃

时间：15～25min

pH 值：　　　6～7

④ 水解封闭法。水解封闭在镍、钴的稀溶液中进行，镍、钴离子被膜层吸附后发生水解反应，产物氢氧化物沉积填充于孔隙中使孔封闭：

$$Ni^{2+} + 2H_2O \longrightarrow Ni(OH)_2 \downarrow + 2H^+ \tag{4-68}$$
$$Co^{2+} + 2H_2O \longrightarrow Co(OH)_2 \downarrow + 2H^+ \tag{4-69}$$

因为少量的氢氧化镍和氢氧化钴几乎无色，所以水解封闭特别适合于着色后氧化膜的封闭处理。

⑤ 填充封闭法。该方法使有机物质熔融后填充进入膜层孔隙，干燥后达到封孔之目的。采用的封闭物质称封闭剂，如石蜡、各种油、各种树脂、透明清漆等。

4.2.2.5　阳极氧化法制备氧化铝模板

基于阳极氧化膜的蜂窝状多孔结构，人们尝试以规则的 Al_2O_3 多孔膜为模板，利用其多孔性结合其他方法（硬模板法）来合成纳米结构材料，并已成为合成多种一维纳米材料的主要方法之一，人们一般把具有这种功能的氧化膜称为 AAO 模板。这种膜在紧靠铝基体表面仍然是一层薄而致密的阻挡层，上面则形成较厚的多孔层，多孔层的膜胞是六角密堆排列，每个膜胞中心存在纳米尺度的孔，且孔大小均匀，与基体表面垂直。

由于经一次氧化所得氧化铝膜的有序度不高，阳极氧化法制备 AAO 模板一般采用两步阳极氧化法进行，阴、阳极反应与普通阳极氧化一致。第一次氧化的结果孔洞较浅且不够规则，所以需要去掉氧化膜后进行第二次阳极氧化，此时第一次阳极氧化在铝表面已经留下痕迹——活性点，这些活性点是第二次氧化时首先溶解掉的，也就是后来孔洞的形成点。反应稳定时 Al_2O_3 生成与溶解平衡，铝表面的孔洞继续加深，形成多孔结构。阳极氧化铝模板制备的具体过程如图 4-10 所示，把阻挡层及其下的基体铝去除可制得无支撑的氧化铝模板。

4.2.2.6　其他有色金属阳极氧化

除了铝以外，其他许多有色金属也可以进行阳极氧化处理来获

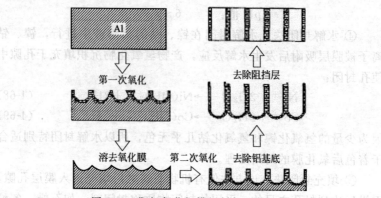

第一次氧化

去除阻挡层

溶去氧化膜　　第二次氧化　　去除铝基底

图 4-10　阳极氧化铝模板制备过程示意

得氧化物膜层，来提高其耐蚀性、耐磨性、电绝缘性及各种其他功能性能。其中钛表面阳极氧化制备二氧化钛纳米管阵列是近十几年来研究的热点之一。

钛表面二氧化钛纳米管阵列的制备，一般在含氟的电解液中进行，氟离子对阳极氧化生成的二氧化钛进行溶解，控制二氧化钛的生成及溶解速率，可制备得到纳米管形貌。根据所用电解液的特点，其工艺历经了四个时期，分别是：无机电解液时期、缓冲电解液时期、有机电解液时期及无氟电解液时期。其中有机电解液中的纳米管形貌比无机电解液中的更为清晰、规整。图 4-11（a）、图 4-11（b）分别为无机电解液［含 0.5%（质量分数）NH_4F 的硫酸调节溶液］及有机电解液［3%水（体积分数）、0.3mol/L 氟化铵的乙二醇溶液］中制备的氧化钛纳米管，图 4-11（c）为图 4-11（b）的断面形貌。可以明显看出二者的区别。

镁合金阳极氧化处理获得的阳极氧化膜其耐蚀性、耐磨性和硬度等一般比化学法的高。缺点是膜层脆性较大，对复杂制件难以获得均匀的膜层。镁合金既可以在酸性电解液中进行阳极氧化，也可以在碱性电解液中进行阳极氧化处理，其中酸性电解液的阳极氧化应用较多，碱性电解液应用较少，但研究日趋增多。

铜及铜合金经氢氧化钠阳极氧化处理后可得到黑色氧化铜膜

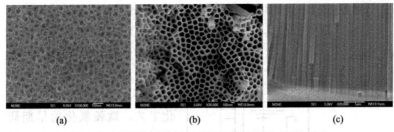

(a)   (b)   (c)

图 4-11 纯钛表面阳极氧化纳米管阵列的 SEM 图片

层，该膜薄而致密，与基体结合良好。且处理后几乎不影响精度，被广泛应用于精密仪器等零件的表面装饰上。

此外，硅、锗、钽、锌、镉及钢也可以进行阳极氧化处理。这里不再一一叙述。

4.2.3 微弧氧化

从 20 世纪 30 年代开始，在阳极氧化基础上，发展起一项新的有色金属表面氧化的高新技术，称为微弧氧化。该技术是把铝、钛、镁、钽、锆、铌等有色金属或其合金置于电解液中作阳极，以不锈钢作阴极，在其表面利用高电压产生火花或微弧放电，使金属表面原位氧化生成陶瓷氧化膜。该膜具有耐腐蚀性能高、耐磨性能好、绝缘、装饰美观、膜层元素组成可控及与基体结合良好等优点，可用于腐蚀防护、耐摩擦磨损、电绝缘、装饰、功能等方面，亦可作为功能陶瓷涂层使用。目前，世界上许多国家的研究者都在进行微弧氧化方面的研究和探讨，以铝、镁基体表面的耐磨、防腐、装饰研究以其钛表面的生物功能涂层研究居多，该技术正处于快速研究发展阶段。

微弧氧化实验装置如图 4-12 所示，类似普通阳极氧化设备，主要由电源及调压控制系统、微弧氧化槽、搅拌器和冷却系统组成。其中，电源及调压控制系统可提供微弧氧化所需的高电压，有直流、交流或脉冲三种电源模式；氧化槽用来盛装电解液，一般由不锈钢制成，具有一定的耐蚀性且可兼做阴极；搅拌器能提高电解液中组分的均匀性，也有一定的冷却作用；冷却系统可带走氧化过程中产生的高热量，保证电解液温度相对稳定。

微弧氧化陶瓷膜的制备方法比较简单,其工艺流程一般分为表面清洗、微弧氧化、自来水冲洗、自然干燥等几个阶段。按所采用的电源模式一般分为直流、交流和脉冲三种氧化工艺。微弧氧化的早期研究以直流电源应用较多,随后研究发现交流电源能量高且生成陶瓷膜的性能比直流电源更好,而脉冲电源由于具有"针尖"作用,使局部阳极面积大幅下降,表面微孔相重叠而形成粗糙度小、厚度均匀的陶瓷膜,成为目前研究发展的主要方向。

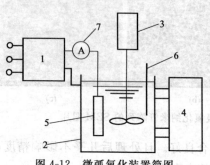

图 4-12 微弧氧化装置简图
1—三相脉冲电源;2—电解槽兼做阴极;
3—搅拌系统;4—循环冷却系统;
5—试样;6—温度计;7—电流表

根据所采用的电解液不同,微弧氧化又可分为酸性电解液法和碱性电解液法两种。酸性电解液法是研究初期采用的方法,常用浓硫酸或磷酸及其盐作为电解液组分,有时还加入一定的添加剂(如矾酸盐、含 F^- 的盐等)来改善微弧的生成条件和膜层性能。而在碱性电解液中,阳极反应生成的金属离子很容易转变成带负电的胶体粒子而被重新利用,溶液中其他金属离子也容易转变成带负电的胶体粒子而进入膜层,调整和改变膜层的组成和微观结构而获得新的特性,所以微弧氧化中解液由初期的酸性发展到了现在的碱性,被研究者所广泛采用。微弧氧化工艺由阳极氧化发展而来,但又优于阳极氧化工艺。表 4-17 中列出了二者的对比。

表 4-17 微弧氧化与阳极氧化工艺对比

工艺特点	微弧氧化	阳极氧化
工艺流程	去油污→微弧氧化	碱蚀→酸洗→机械性清理→阳极氧化→封孔
电压、电流	高电压、强电流	低电压、小电流
溶液酸碱度	碱性	酸性
工作温度	常温(10~70℃)	低温(-10~1℃)
处理效率	高(10~30min/50μm)	低(1~2h/50μm)

续表

工艺特点	微弧氧化	阳极氧化
氧化类型	化学氧化、电化学氧化、等离子体氧化	化学氧化、电化学氧化
对材料适应性	宽（适于 Al、Ti、Mg、Ta、Zr、Nb 等金属及其合金）	窄（很少用于铝合金以外的其他金属）

可见微弧氧化技术具有优异的工艺特点：①采用碱性电解液，对环境污染小；②工艺流程简单，前处理工序少，适于大规模自动化生产；③允许温度变化范围宽，电解液允许的温度范围一般为10～70℃；④效率高，处理能力强，工件的形状可较复杂，且可处理部分内表面，对异形零件、孔洞、焊缝的可加工能力远远高于其他表面陶瓷化工艺，且对工件的修补和重复加工能力极强；⑤电源模式一般采用交流或脉冲方式，这种方式具有较高能量，且生成的陶瓷膜性能比直流电源的高。

4.2.3.1 铝及铝合金的微弧氧化

不同铝合金，适用的微弧氧化电解液以及适合的工艺参数也不同，导致铝微弧氧化电解液有众多体系，如硅酸盐体系、焦磷酸盐体系、磷酸二氢钠体系、硼酸盐体系、铝酸盐体系等，向电解液中加入铝缓蚀剂（如阿拉伯树胶）、表面活性剂（如十二烷基苯磺酸钠 SDBS、十二烷基硫酸钠 SDS）、络合剂（如 EDTA、酒石酸钾钠、柠檬酸三钠）等物质，作为电解液的添加剂，可以增大样品成膜速率，提高微等离子氧化膜层硬度、耐蚀性等性能，并能延长电解液使用寿命。还可向电解液中加入着色物质（如金属盐类），来获得不同颜色的陶瓷膜层，如黑色、灰色、蓝色、绿色、赭红色等，具有装饰性。

铝的微弧氧化陶瓷膜由表面层（疏松层）、致密层和结合层组成，其膜层理论结构如图 4-13 所示，最外层为表面疏松层，可能是由微电弧溅射和电化学沉积物组成，该层存在许多孔洞，孔隙较大，孔周围又有许多裂纹向内扩散直到致密层。第二层为致密层，晶粒较细小，含较多 $\alpha\text{-}Al_2O_3$（刚玉），用 X 射线衍射（XRD）技术分析 LY12 铝合金微弧氧化陶瓷膜可知，致密层主要由 α-Al_2O_3 和 γ-Al_2O_3 组成。内层为过渡层，与第二层呈犬牙交错状，且与基体结合紧密，没有明显界限，这一点决定了微弧氧化陶瓷膜的高结合强度。图 4-14(a) 和图 4-14(b) 分别为铝合金微弧氧化膜的表面及断面 SEM 照片，可以看出，铝合金的微弧氧化膜层表面分布有许多火山口形状的微孔，它们是微弧氧化过程中的放电通道，这使得膜层具有一定的孔隙率，孔洞大小及孔隙率大小可通过氧化过程的电参数来调节。从膜层断面形貌中可看出有明显的致密层，表面疏松层和结合层不是很明显，膜层具有很好的结合状况。图 4-15 是 LY12 铝合金微弧氧化膜的 XRD 图，可见铝微弧氧化膜层主要由 α-Al_2O_3 和 β-Al_2O_3 组成。

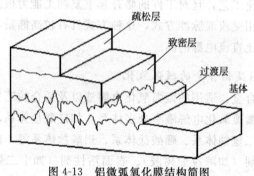

图 4-13　铝微弧氧化膜结构简图

(a) 表面	(b) 断面

图 4-14　LY12 铝合金微弧氧化膜 SEM 照片

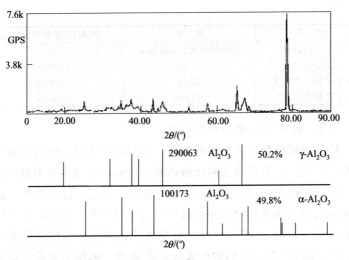

图 4-15　铝合金表面微弧氧化膜的 XRD 图

　　膜层的组成决定了其良好的耐腐蚀性及耐磨性，表 4-18 为参照硫酸阳极氧化膜耐腐蚀的评定标准，对铝微弧氧化膜的点滴腐蚀实验结果，微弧氧化电解液组成主要包括硅酸钠、氢氧化钠等，点滴实验所用的溶液成分为：盐酸（1.19g/mL）25mL，重铬酸钾 3g，蒸馏水 75mL，溶液 pH 值为 1～2，呈强酸性。实验方法为在试样待测表面滴上一滴液滴，并观察表面液滴颜色的变化。耐腐蚀性的评定标准为表面液滴开始变绿所需的时间。在硬度方面，一般纯铝材料显微硬度值不高于 60HV，LY12 铝合金材料的硬度约为 125HV，普通硫酸阳极氧化膜层的硬度为 400HV 左右；而硫酸硬质阳极氧化膜层的硬度在铝合金基体上为 400～600HV。而铝合金经微等离子氧化后，硬度一般都可达到 1000HV 以上，最大值甚至可达到 2000HV 以上。

表 4-18　点滴腐蚀实验结果

试　样	膜　厚	表面液滴开始变绿时间
变形铝合金	未经微等离子氧化处理	2min
变形铝合金	7.8μm	10min
变形铝合金	15.2μm	20min

试　样	膜　厚	表面液滴开始变绿时间
LY12 铝合金	未经微等离子氧化处理	30s
LY12 铝合金	4.5μm	10min
LY12 铝合金圆片	15μm	20min
LY12 铝合金圆片	25μm	35min

4.2.3.2　钛及钛合金的微弧氧化

　　钛的微弧氧化工艺与铝的类似，不同点在于适宜的电解液的组成发生了变化，目前常见的钛微弧氧化电解液组成主要为磷酸氢盐（磷酸二氢盐）及乙酸钙，所生成的膜层除了二氧化钛以外，还含有电解液组分构成的物质如羟基磷灰石，具有较好的生物医学应用价值。图 4-16(a)、图 4-16(b) 分别为纯钛表面微弧氧化膜的表面及断面 SEM 照片，与铝的微弧氧化膜类似，体现了微弧氧化膜的结构及特征。

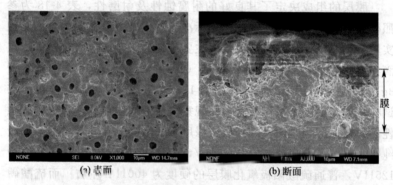

|(a) 表面　　　　　　　　　　　(b) 断面|

图 4-16　纯钛表面微弧氧化膜的表面及断面 SEM 图片

　　钛微弧氧化膜的 XRD 结果见图 4-17，微弧氧化生成的二氧化钛在微弧的瞬间高温烧结作用下转变为金红石及锐钛矿，同时电解液组分共沉积进入膜层，生成了生物活性的羟基磷灰石。可见微弧氧化电解液的组成可进入膜层当中并改变膜层的组成，从而可通过电解液的组成变化来实现膜层中组成的功能调控。图 4-18 的能谱扫描图显示了微弧氧化样品横断面上的元素分布，微弧氧化电解液主要由磷酸二氢钠及乙酸钙组成，并在其中加入了微量氧化银粉体，实现了银在膜层中的掺入。

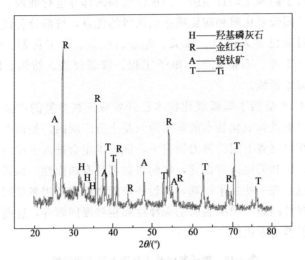

图 4-17 纯钛表面微弧氧化膜的 XRD 分析

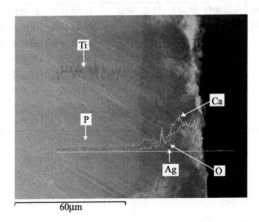

图 4-18 纯钛表面微弧氧化膜断面元素能谱扫描

4.2.3.3 微弧氧化技术的应用现状及前景

　　微弧氧化技术是一项新颖的技术，目前在国内外均未进入大规模工业应用阶段，但所生成的陶瓷膜具有良好的耐磨、耐蚀、耐热冲击及电绝缘性能等特点，为它提供了广阔的应用前景。该技术特别适合对于高速运动且耐磨、耐蚀性能高的部件进行处理。因为膜层具备了阳极氧化膜和陶瓷喷涂层两者的优点，可部分替代它们的产品，目前已进入航空、航天、船舶、汽车、军工兵器、轻工机械、化学工业、石油化工、电子工程、仪器仪表、纺织、医疗卫生、装饰等领域。

　　表 4-19 概括了微弧氧化技术已开发或正在开发的产品及应用领域，可见微弧氧化技术的应用前景是十分广阔的。相信在不久的将来，在研究者不懈的努力研究下，该技术定会进入工业应用为人类造福。但我们也需意识到，任何事物都具有两面性，微弧氧化技术目前也存在一些技术问题，如设备产能和能源利用率的问题，颜色的多样性问题，膜层表面的光泽度和粗糙度问题等，这些都是研究者需要努力解决的。

表 4-19　微弧氧化技术已进入试用的领域

应用领域	应用举例	选用材料	应用性能
航空、航天、机械	气动元件、密封件、叶片、轮箍	铝、镁合金	耐磨性、耐蚀性
石油、化工、船舶	管道、阀门、动态密封环	铝、钛合金	耐磨性、耐蚀性
医疗卫生	人工器官	钛、钛合金	耐磨性、耐蚀性
轻工机械	压掌、滚筒、纺杯、传动元件	铝合金	耐磨性
仪器仪表	电器元件、探针、传感元件	铝、钛合金	电绝缘性
汽车、兵器	喷嘴、活塞、储药仓	铝合金	耐磨性、耐热冲击性
日常用品	电熨斗、水龙头、铝锅	铝合金	耐磨性、耐蚀性
现代建筑材料	装饰材料	铝	装饰性

参考文献

[1] 杨邦朝,王文生. 薄膜物理与技术. 成都:电子科技大学出版社,1994.

[2] 唐伟忠. 薄膜材料制备原理、技术及应用. 北京:冶金工业出版社,1998.

[3] Sudarshan T S. 表面改性技术. 范玉殿译. 北京:清华大学出版社,1992.

[4] 黄守伦. 实用化热处理与表面强化新技术,北京:机械工业出版社,2002.

[5] 曾晓雁,吴懿平. 表面工程学. 北京:机械工业出版社,2001.

[6] 戴达煌,周克崧,袁镇海,等. 现代表面技术科学. 北京:冶金工业出版社,2004.

[7] 孙希泰. 材料表面强化技术. 北京:化学工业出版社,2005.

[8] Veprek S. Theoretical Inorganic Chemistry. Berlin:Springer Berlin Heidelberg,1975.

[9] 赵化侨. 等离子化学与工艺. 合肥:中国科技大学出版社,1993.

[10] Rie K T,Gebauer A,Woehle J. Investigation of PA-CVD of TiN:Relations Between Process Parameters, Spectroscopic Measurements and Layer Properties. Surf & Coat Technol,1993,60(1):385.

[11] Rie K T,Gebauer A,Woehle J. Studies on the Synthesis of Hard Coatings by Plasma-Assisted CVD Using Metallo-Organic Compounds. Surf & Coat Technol,1995, 74-75(part 1):362.

[12] 吴新杰,李平生,李俊,等. 工模具的 PAMOCVD 涂层研究. 金属热处理,1994, (12):17.

[13] 石玉龙,彭红瑞,李世直. PCVD 制备工业硬膜研究. 微细加工技术,1995,(4):30.

[14] 石玉龙,彭红瑞,李世直. 等离子体金属有机物化学气相沉积碳氮化钛. 表面技术,1997,26 (5):4.

[15] 高润生. 气相沉积硬涂层 TiN 的残余应力及静动结合强度的研究 [D]. 西安:西安交通大学,1992.

[16] 李世直,赵程,石玉龙,等. 等离子体化学气相沉积氮化钛. 真空科学与技术, 1989,9(5):327.

[17] Shi Y L,Peng H R,Li Sh Zh,et a. Application of Plasma Chemical Vapour Deposition of TiN to HSS Precision Bearings. Mat Sci & Technol,2001,(17):321.

[18] 彭红瑞,石玉龙,谢雁,等. PCVD-Ti(CNO)制备及性能研究. 表面技术,1998,27 (5):11.

[19] Veprek S,Haussmann M,Reiprich S,et al. Novel Thermodynamically Stable and Oxidation Resistant Superhard Coating Materials. Surf & Coat Technol,1996,86-87 (part 1):394.

[20] 苟清泉. 人造金刚石合成机理研究. 成都:成都科技大学出版社,1986.

[21] 戴达煌,周克崧. 金刚石薄膜沉积制备工艺与应用. 北京:冶金工业出版社,2001.

[22] 陈光华,张阳. 金刚石膜的制备与应用. 北京:化学工业出版社,2004.

[23] 陈光华,邓金祥. 新型电子薄膜材料. 北京:化学工业出版社,2002.

[24] 王季陶,张卫,刘表杰. 金刚石低压气相生长的热力学耦合模型. 北京:科学出版社,1998.

[25] 毕京锋,石玉龙. 等离子辅助热丝化学气相沉积金刚石膜. 青岛科技大学学报,2004,25(1):36.

[26] Wang W L, Liao K J, Gao J Y. Synthesis of Diamond Thin Films by DC Plasma Using Organic Compounds. Phys Stat Sol (A),1991,128(1):K19.

[27] Robert F D. Diamond Film and Coatings:Development, Properties and Applications. New York:Noyes Publications,1994.

[28] 赵立华,杨巧勤,李绍禄,等. 热丝法高速生长金刚石膜研究. 硅酸盐学报,1996,24(4):476.

[29] 冉均国,郑昌琼,黄杰,等. 微波等离子体 CVD 合成金刚石薄膜的生长特性. 微细加工技术,1990,(2、3期合刊):1.

[30] 庞国锋,石岩,石成儒. 用热丝法生长大面积高质量金刚石膜. 薄膜科学与技术,1995,8(2):141.

[31] 郑怀礼. 微波等离子体化学气相沉积金刚石薄膜的进展. 表面技术,1997,26(3):4.

[32] 邱东江,石成儒,曾耀武. 多种材料上金刚石膜的成核和生长研究. 表面技术,1997,26(1):11.

[33] 唐璧玉,靳九成,陈宗璋. 金刚石晶粒和薄膜的侧向沉积. 材料导报,1996,(6):49.

[34] Dischler B,Wild C. Low Pressure Synthetic Diamond:Manufacturing and Applications. Berlin:Springer,1998.

[35] Kroeger R, Shaefer L, Klages C P, et al. Enhanced Diamond Film Growth by Hot-Filament CVD Using Forced Convection. Phys Stat Sol (a), 1996, 154 (1): 33.

[36] Jiang X, Schiffmann K, Klages C P. Coalescence and Overgrowth of Diamond Grains for Improved Heteroepitaxy on Silicon (001). J Appl Phys, 1998, 83 (5): 2511.

[37] Shi Yulong, Tan Minhui, Jiang Xin. Deposition of Diamond/ β-SiC Gradient Composite Films by Microwave Plasma-assisted Chemical Vapor Deposition. J Materials Research, 2002, 17 (6): 1241.

[38] Baliga B J. Power Semiconductor Device Figure of Merit for High-frequency Applications. Electron Device Lett, 1989, 10 (10): 455.

[39] Nono M C A, Corat E J, Ueda M, et al. Surface Modification on 304 SS by Plasma-Immersed Ion Implantation to Improve the Adherence of a CVD Diamond Film. Surf & Coat Technol, 1999, 112 (1): 295.

[40] Fan Q H, Fernandes A, Pereira E, et al. Adhesion of Diamond Coatings on Steel and Copper With a Titanium Interlayer. Diamond and Relat Mater, 1999, 8 (8): 1549.

[41] Lang W, Pavlicek H, Marx T, et al. Study of the Wear Behavior and Adhesion of Diamond Films Deposited on Steel Substrates by Use of a Cr-N Interlayer. Diamond and Relat Mater, 1999, 8 (2): 859.

[42] Schaefer L, Fryda M, Stolley T, et al. Chemical Vapour Deposition of Polycrystalline Diamond Films on High-Speed Steel. Surf & Coat Technol, 1999, 116-117: 447.

[43] Schafer L. CVD Diamond Technology with Hot-Filament Activation. Vakuum in Forschung und Praxis, 2000, 12 (4): 236.

[44] 戴达煌, 周克菘, 袁镇海, 等. 现代表面技术科学. 北京: 冶金工业出版社, 2004.

[45] 戴达煌, 周克菘. 金刚石薄膜沉积制备工艺与应用. 北京: 冶金工业出版社, 2001.

[46] 彭鸿雁, 赵立新. 类金刚石膜的制备、性能与应用. 北京: 科学出版社, 2004.

[47] Michler T, Grischke M, Bewilogua K, et al. Continuously Deposited Duplex Coatings Consisting of Plasma Nitriding and a-C: H: Si Deposition. Surf & Coat Technol, 1999, 111 (1): 41.

[48] Chhwolla M, Yin Y, Amaratunga G A J, et al. Highly Tetrahedral Amorphous Carbon Films with Low Stress. Appl Phys Lett, 1996, 69 (16): 2344.

[49] 孙亦宁. 金刚石薄膜的空间应用. 真空与低温, 1996, 2 (1): 31.

[50] 吕反修, 杨金旗, 刘小英, 等. 磁控溅射类金刚石碳膜在可见光及近红外光区域的光学性质. 薄膜科学与技术, 1991, 4 (4): 19.

[51] 程德刚. 磁控溅射类金刚石碳膜光学性能 [D]. 北京: 北京科技大学, 1995.

[52] 李运钧, 张兵临, 薛运才, 等. 脉冲激光沉积类金刚石薄膜涂层研究. 金刚石与磨料磨具工程, 1996, (5): 23.

[53] Wu W J, Hon M H. Thermal Stability of Diamond-Like Carbon Films with Added Silicon. Surf & Coat Technol, 1999, 111 (2): 134.

[54] Camargo Jr S S, Santos R A, Baia N A L, et al. Structural Modifications and Temperature Stability of Silicon Incorporated Diamond-Like a-C: H films. Thin Solid Films, 1998, 332 (1): 130.

[55] Tzeng Y, Yoshikawa M, Murakawa M, et al. Applications of Diamond Films and

Related Materials. Amsterdam：Elsevier Science Publishers，1991.

[56] Murakawa M，Koga N，Watanabe S，et al. Tribological Behavior of Amorphous Hard Carbon Films Against Zinc-Plated Steel Sheets. Surf & Coat Technol，1998，108-109：425.

[57] 三谷力，赵秀英. 类金刚石薄膜在录像中的应用. 微细加工技术，1990，(2)：102.

[58] 居建华，夏义本. 类金刚石薄膜可见光透过特性的研究和应用. 太阳能学报，1992，13 (3)：276.

[59] 程德刚，吕反修，孙庆标，等. 强激光窗口和透镜材料氯化钾晶体的双层增透膜. 人工晶体学报，1994，23 (2)：156.

[60] Aisenberg S，Chabot R. Ion-Beam Deposition of Thin Films of Diamond Like Carbon. J Appl Phys，1971，42 (7)：2953.

[61] Aisenberg S. The Role of Ion-assisted Deposition in the Formation of Diamond-like Carbon Films. J Vac Sci Technol，1990，A8 (3)：2150.

[62] Peng H Y，Shen J J，Yang G L，et al. Study of Nanocrystalline Diamond Film Deposited Rapidly by 500W Excimer Laser. Chinese Lasers，2000，B9 (3)：201.

[63] 陈建国，程宇航，吴一平，等. 射频-直流等离子体增强化学气相沉积设备的研制. 真空与低温，1998，4 (1)：30.

[64] Wentorf Jr R H. Cubic Form of Boron Nitride. J Chem Phys，1957，26 (4)：956.

[65] Bundy F P，Wentorf R H. Direct Transformation of Hexagonal Boron Nitride to Denser Forms. J Chem Phys，1963，38 (5)：1144.

[66] Sokolowski M. Deposition of Wurtzite Type Boron Nitride Layers by Reactive Pulse Plasma Crystallization. J Cryst Growth，1979，(46)：136.

[67] Mirkarimi P B，McCarty K F，Medlin D L. Review of Advances in Cubic Boron Nitride Film Synthesis. Mater Sci Engin，1997，1 (2)：47.

[68] 郭志猛，宋月清，陈宏霞，等. 超硬材料与工具. 北京：冶金工业出版社，1996.

[69] 田民波，刘德令. 薄膜科学与技术手册. 北京：机械工业出版社，1991.

[70] Riedel R. Novel Ultrahard Materials. Adv Mater，1994，6 (7-8)：549.

[71] 陈浩，邓金详，陈光华，等. 衬底温度对宽带隙立方氮化硼薄膜制备的影响. 半导体学报，2005，26 (12)：2369.

[72] Wentorf R H. Preparation of Semiconducting Cubic Boron Nitride. J Chem Phys，1962，36 (8)：1990.

[73] Mishima O，Era K，Tanaka J. Ultraviolet Light-Emitting Diode of a Cubic Boron Nitride p-n Junction Made at High Pressure. Appl Phys Lett，1988，53 (11)：962.

[74] Mishima O, Tanaca J, Yamaoka S, et al. High-temperature Cubic Boron Nitride p-n Junction Diode Made at High Pressure. Science, 1987, 238 (4824): 181.

[75] Kidner S, Taylor C A, Clarke R. Low Energy Kinetic Threshold in the Growth of Cubic Boron-Nitride Films. Appl Phys Lett, 1994, 64 (14): 1859.

[76] Litvinov D, Clarke R. Reduced Bias Growth of Pure-phase Cubic Boron Nitride. Appl Phys Lett, 1997, 71 (14): 1969.

[77] Tanabe N, Iwaki M. Influence of Sputtering Target Material on the Formation of Cubic BN Thin Films by Ion Beam Enhanced Deposition. Diamond and Relat Mater, 1993, 2 (2-4): 512.

[78] Murakawa M, Watanabe S. The Synthesis of Cubic BN Films Using a Hot Cathode Plasma Discharge in a Parallel Magnetic Field. Surf & Coat Technol, 1990, 43-44 (part 1): 128.

[79] Mckenzie D R, Cockayne D J H, Muller D A, et al. Electron Optical Characterization of Cubic Boron Nitride Thin Films Prepared by Reactive Ion Plating. J Appl Phys, 1991, 70 (6): 3007.

[80] Aoyama T, Yap Y K, Kida S, et al. c-BN Films by RF Plasma Assisted Pulsed Laser Deposition. Diamond Films Technol, 1998, 8 (6): 477.

[81] Yap Y K, Aoyama T, Kida S, et al. Synthesis of Adhesive c-BN Films in Pure Nitrogen Radio-Frequency Plasma. Diamond and Relat Mater, 1999, 8 (2): 382.

[82] Angleraud B, Cahoresu M, Jaubertesu I, et al. Nitrogen Ion Beam-Assisted Pulsed Laser Deposition of Boron Nitride Films. J Appl Phys, 1998, 83 (6): 3398.

[83] Dmitri L, Charles A, Taylor, et al. Semiconducting Cubic Boron Nitride. Diamond and Relat Mater, 1998, 7 (2): 360.

[84] Sano M, Aoki M. Chemical Vapour Deposition of Thin Films of BN onto Fused Silica and Sapphire. Thin Solid Films, 1981, 83 (2): 247.

[85] Albella J M, Gornez-Aleixandre C, Sanchez-Garrido O, et al. Deposition of Diamond and Boron Nitride Films by Plasma Chemical Vapour Deposition. Surf & Coat Technol, 1995, 70 (2): 163.

[86] Cuomo J J, Leary P A, Yu D, et al. Reactive Sputtering of Carbon and Carbide Targets in Nitrogen. J Vac Sci Technal, 1979, 16 (2): 299.

[87] Liu A Y, Cohen M L. Prediction of New Low-Compressibility Materials. Science, 1989, 245 (4920): 841.

[88] Tetter D M, Hemley R J. Low-Compressibility Carbon Nitrides. Science, 1996, 271 (5245): 53.

[89] Liu A Y, Wentzxovitch R M. Stability of Carbon Nitride Solids. Phys Rev B, 1994, 50 (4): 10362.

[90] 王恩哥，陈岩，郭丽萍，等. C_3N_4 的制备与结构分析——I. Si 衬底上的样品. 中国科学（A 辑），1997，(27)：49.

[91] 刘长虹，童燕青，程国安，等. 超硬氮化碳薄膜材料及其研究进展. 国外金属加工，2003，24 (2)：12.

[92] 肖兴成，宋力昕，胡方行. 氮化碳薄膜制备及性能研究进展. 无机材料学报，1999，14 (3)：343.

[93] Chowdhury A K M S, Monclus M, Cameron D C, et al. The Composition and Bonding Structure of CNx Films and Their Influence on the Mechanical Properties. Thin Solid Films, 1997, 308-309：130.

[94] Zhao X A, Ong C W, Tsang Y C, et al. Reactive Pulsed Laser Deposition of CN_x Films. Appl Phys Lett, 1995, 66 (20)：2652.

[95] 周之斌，崔容强. 氮化碳薄膜的制备及 C-N/CuInSe₂/Si 异质结光伏特性. 科学通报，1995，40 (21)：1969.

[96] Zhang Z J, Fan Sh Sh, Huang J L, et al. Diamondlike Properties in a Single Phase Carbon Nitride Solid. Appl Phys Lett, 1996, 68 (19)：2639.

[97] Han H X, Feldman B J. Structural and Optical Properties of Amorphous Carbon Nitride Films. Solid State Commun, 1988, 65 (9)：921.

[98] Lee S, Park S J, Oh S G. Optical and Mechanical Properties of Amorphous CN Films. Thin Solid Films, 1997, 308-309：135.

[99] Matsumoto S, Xie E, Izumi F. On the Validity of the Formation of Crystalline Carbon Nitrides C_3N_4. Diamond and Relat Mater, 1999, 8 (7)：1175.

[100] Teter D M, Hemley R J. Low-Compressibility Carbon Nitrides. Science, 1996, 271 (5245)：53.

[101] 顾有松，张永平，常香荣，等. C_3N_4 硬膜的人工合成和鉴定. 中国科学（A 辑），1999，29 (8)：757.

[102] 吴大维. 何孟兵，熊子友，等. 新型超硬材料——氮化碳薄膜研究新进展. 材料导报，1997，11 (5)：30.

[103] 陈光华，吴现成，贺德衍. 氮化碳薄膜的结构与特性. 无机材料学报，2001，16 (2)：377.

[104] 宋银，侯明东，王志光，等. 氮化碳薄膜的制备及研究现状. 高压物理学报，2003，17 (4)：311.

[105] Xu J, Deng X L, Zhang J L, et al. Characterization of CN_x Prepared by Twinned ECR Plasma Source Enhanced DC Magnetron Sputtering. Thin Solid Films, 2001, 390 (1)：107.

[106] Kusano Y, Christou C, Barber Z H, et al. Deposition of Carbon Nitride Films by Ionised Magnetron Sputtering. Thin Solid Films, 1999, 355-356：117.

[107] Kaltofen R，Sebald T，Weise G. Plasma Diagnostic Studies to the Carbon Nitride Film Deposition by Reactive r. f. Magnetron Sputtering. Thin Solid Films，1996，290-291：112.

[108] Kaltofen R，Sebald T，Weise G. Low-Energy Ion Bombardment Effects in Reactive rf Magnetron Sputtering of Carbon Nitride Films. Thin Solid Films，1997，308-309：118.

[109] Kobayashi S，Nozaki S，Morisaki H，et al. Carbon Nitride Thin Films Deposited by the Reactive Ion Beam Sputtering Technique. Thin Solid Films，1996，281-282：289.

[110] 辛火平，林成鲁，许华平，等．新型超硬材料氮化碳 CN$_x$ 的离子束合成的研究．中国科学（E辑），1996，26（3）：210.

[111] 吴大维，吴越侠，彭友贵，等．高速钢刀具镀氮化碳超硬涂层研究．中国机械工程，2002，13（24）：2154.

[112] 于启勋．超硬刀具材料的发展与应用．工具技术，2004，38（11）：9.

[113] 杨海东，张崇高．氮化碳涂层刀具干切削性能的研究．工具技术，2004，38（9）：91.

[114] Holleck H. Basic Principles of Specific Applications of Ceramic Materials as Protective Layers. Surf & Coat Technol，1990，43-44（part 1）：245.

[115] Toth L E. Transition Metal Carbides and Nitrides. New York：Academic Press，1971.

[116] 李世直，赵程，石玉龙，等．等离子体化学气相沉积氮化钛．真空科学与技术，1989，9（5）：327.

[117] Komiya S，Ono S，Umezu N，et al. Characterization of Thick Chromium-carbon and Chromium-Nitrogen Films Deposited by Hollow Cathode Discharge. Thin Solid Films，1977，45（3）：433.

[118] Shikama T，Araki H，Fujitsuka M，et al. Properties and Structure of Carbon Excess Ti$_x$C$_{1-x}$ Deposited onto Molybdenum by Magnetron Sputtering. Thin Solid Films，1983，106（3）：185.

[119] Almond E A. Aspects of Various Processes for Coating and Surface Hardening. Vacuum，1984，34（10-11）：835.

[120] Lux B，Colombier C，Altena H，et al. Preparation of Alumina Coatings by Chemical Vapour Deposition. Thin Solid Films，1986，138（1）：49.

[121] Oaks J J. A Comparative Evaluation of HfN，Al$_2$O$_3$，TiC and TiN Coatings on Cemented Carbide Tools. Thin Solid Films，1983，107（2）：159.

[122] Movchan B A，Demchishin A V. Study of the Structure and Properties of Thick Vacuum Condensates of Nickel，Titanium，Tungsten，Aluminum Oxide and Zirconium Dioxide. Metal Metalloved，1969，28（4）：83.

[123] 赵程，彭红瑞，李世直．直流 PCVDTi（C$_x$N$_{1-x}$）硬质膜及其应用．金属热处

理，1996（7）：17.

[124] Fark H, Chevallier J, Reichelt K, et al. The Microhardness, Electrical Conductivity and Temperature Coefficient of Resistance of Reactively Sputtered TiC$_x$O$_y$N$_z$ Films. Thin Solid Films, 1983, 100 (3): 193.

[125] 彭红瑞，石玉龙，谢雁，等. PCVD-Ti (CNO)薄膜的制备及性能的研究. 表面技术，1998，27 (5)：11.

[126] Holleck H, Kuhl Ch, Schulz, H. Summary Abstract: Wear Resistant Carbide-Boride Composite Coatings. J Vac Sci Technol, 1985, A3 (6): 2345.

[127] Harai T, Hayashi S. Density and Deposition Rate of Chemically Vapour-deposited Si$_3$N$_4$-TiN Composites. J Mater Sci, 1983, 18: 2401.

[128] Veprek S, Haussmann M, Reiprich S, et al. Novel Thermodynamically Stable and Oxidation Resistant Superhard Coating Materials. Surf & Coat Technol, 1996, 86-87 (part 1): 394.

[129] Veprek S, Hiederhofer A, Moto K, et al. Composition, Nanostructure and Origin of the Ultrahardness in nc-TiN/a-Si$_3$N$_4$/a- and nc-TiSi$_2$ Nanocomposites With HV=80 to ≥105 GPa. Surf & Coat Technol, 2000, 133-134: 152.

[130] Koehler J S. Attempt to Design a Strong Solid. Phys Rev B, 1970, 2 (2): 547.

[131] Veprek S, Argon A S. Mechanical Properties of Superhard Nanocomposites. Surf & Coat Technol, 2001, 146-147: 175.

[132] Rebouta L, Tavares C J, Aimo R, et al. Hard Nanocomposite Ti-Si-N Coatings Prepared by DC Reactive Magnetron Sputtering. Surf & Coat Technol, 2000, 133-134: 234.

[133] Norton Jr E T, Amato-wierda C C. Kinetics and Mechanism Relevant to TiSiN Chemical Vapor Deposition From TDMAT, Silane and Ammonia. Surf & Coat Technol, 2001, 148 (2): 251.

[134] Patscheider J, Zehnder T, Diserens M Structure-performance Relations in Nanocomposite Coatings. Surf & Coat Technol, 2001, 146-147: 201.

[135] 钱苗跟，姚寿山，张少宗. 现代表面技术. 北京：机械工业出版社，2001.

[136] 赵文轸. 材料表面工程导轮. 西安：西安交通大学出版社，1998.

[137] 胡传炘. 表面处理手册. 北京：北京工业大学出版社，2004.

[138] 钱苗跟. 材料表面技术及其应用手册. 北京：机械工业出版社，1998.

[139] 闫凤英. 铝及铝合金微弧氧化工艺研究 [D]. 青岛：青岛科技大学，2003.

[140] 朱祖芳主编. 铝合金阳极氧化与表面处理技术. 北京：化学工业出版社，2004.

[141] Shi Y L, Yan F Y, Xie G W. Effect of Pulse Duty Cycle on Micro-plasma Oxidation of Aluminum Alloy. Materials Letters, 2005, 59: 2725.

[142] 薛文彬，邓志威，来永春，等. 铝合金微弧氧化陶瓷膜的形成过程及其特性. 电镀与精饰，1996，18（5）：3.

[143] 邓志威，薛文斌，汪新福，等. 铝合金表面微弧氧化技术. 材料保护，1996，29（2）：15.

[144] 刘建平，旷亚非. 微弧氧化技术及其发展. 材料导报，1998，12（5）：27.

[145] 薛文斌，邓志威，来永春，等. 有色金属表面微弧氧化技术评述. 金属热处理，2000，（1）：1.

[146] 蒋永锋，李均明，蒋百灵，等. 铝合金微弧氧化陶瓷层形成因素的分析. 表面技术，2001，30（2）：37.

[147] Xue W B, Deng Zh W, Lai Y Ch, et al. Analysis of Phase Distribution for Ceramic Coatings Formed by Microarc Oxidation on Aluminum Alloy. J Am Ceram Soc, 1998, 81 (5): 1365.

[148] Xue W B, Deng Zh W, Chen R Y, et al. Microstructure and Properties of Ceramic Coatings Produced on 2024 Aluminum Alloy by Microarc Oxidation. J of Mater Sci, 2001, 36 (11): 2615.

[149] Rudnevl V S, Vasileva M S, Lukiyanchuk I V, et al. On the Surface Structure of Coatings Formed by Anodic Spark Method. Protection of Metals, 2004, 40 (4): 352.

[150] 李金桂，肖宝金. 现代表面工程设计手册. 北京：国防工业出版社，2000.

[151] 钟涛生，蒋百灵，李均明. 微弧氧化技术的特点、应用前景及其研究方向. 电镀与涂饰，2005，24（6）：47.

[152] Xue W B, Wang C, Li Y L, et al. Effect of Microarc Discharge Surface Treatment on the Tensile Properties of Al Cu Mg Alloy. Mater Lett, 2002, (56): 737.

[153] Gnedenkov S V, Khrisanfova O A, Zavidnaya A G., et al. Production of Hard and Heat-Resistant Coatings on Aluminium Using a Plasma Micro-discharge. Surf & Coat Technol, 2000, 123 (1): 24.

[154] Lukiyanchuk I V, Rudnev V S, Tyrina L M, et al. Anodic-Spark Layers Formed on Aluminum Alloy in Tungstate-Borate Electrolytes. Russia Journal of Applied Chemistry, 2002, 75 (12): 1972.

[155] Rudnev V S, Lukiyanchuk I V, Kon'shin V V, et al. Anodic-Spark Deposition of P- and W（Mo）-Containing Coatings onto Aluminum and Titanium Alloys. Russia Journal of Applied Chemistry, 2002, 75 (7): 1082.

[156] Lukiyanchuk I V, Rudnev V S, Kuryavyi V G, et al. Anodic-spark Layers on Aluminum and Titanium Alloys in Electrolytes With Sodium Phosphotungstate. Russia Journal of Applied Chemistry, 2004, 77 (9): 1460.

[157] Shi Y L, Zhang X Y, Yan F Y, et al. Preparing of Hard Coating and Aluminum

Alloy Surface using Micro-plasma Oxidation. Mata Sci & Technol, 2004, 20: 673.

[158]　Shi Y L, Yan F Y, Xie G W. Effect of Pulse Duty Cycle on Micro-plasma Oxidation of Aluminum Allloy. Materials Letters, 2005, 59 (22): 2725.

[159]　张欣宇, 石玉龙, 闫凤英. 铝及其合金等离子体微弧氧化技术. 电镀与涂饰, 2001, 20 (6): 24.

[160]　石玉龙, 张欣宇, 闫凤英. 氢氧化钠电解液中铝合金的微弧氧化. 新技术新工艺, 2002, (8): 39.

[161]　马楚凡, 李冬梅, 蒋百灵, 等. 钛种植体表面微弧氧化生物改性的研究. 第四军医大学学报, 2004, 25 (1): 4.

[162]　杨俊, 李志安. 钛基羟基磷灰石涂层制备方法. 临床口腔医学杂志, 2004, 20 (6): 382.

[163]　Han Y, Hong S H, Xu K W. Porous Nanocrystalline Titania Films by Plasma Electrolytic Oxidation. Surf & Coat Technol, 2002, 154 (2-3): 314.

[164]　黄平, 徐可为, 憨勇. 钙磷在钛表面微弧氧化层中的存在形式及进入机制. 硅酸盐学报, 2004, (09): 137.

[165]　闫凤英、石玉龙. 钛合金表面微弧氧化制备羟基磷灰石相陶瓷层. 中国材料科技与设备, 2006, 3 (2): 53.

[166]　Ni J H, Shi Y L, Yan F Y, et al. Preparation of Hydroxyapatite-containing Titania Coating on Titanium Substrate by Micro-arc Oxidation. Material Research Bulltin, 2008, 43 (1): 45.

[167]　闫凤英, 石玉龙, 倪嘉桦. 钛表面含银 HA/TiO$_2$ 复合微弧氧化膜的初步制备, 中国材料科技与设备, 2008, 5 (5), HA.

[168]　王磊, 闫凤英, 陈建治, 等. 钛表面微弧氧化处理时间对成纤维细胞铺展行为的影响. 上海口腔医学, 2012, 21 (5): 515.

[169]　闫凤英, 石玉龙, 莫伟言, 氧化时间对钛表面微弧氧化膜层的影响. 表面技术, 2010, 39 (4): 42.

[170]　王磊, 闫凤英, 陈建治. 微弧氧化时间对纯钛表面膜层微观结构的影响. 中国组织工程研究, 2012, 16 (51): 9546.

[171]　付涛, 憨勇, 黄平, 等. 微弧氧化-水热合成生物活性二氧化钛层的制备与性能. 稀有金属材料与工程, 2002, 31 (2): 115.

[172]　赵树萍, 吕双坤. 钛合金在航空航天领域中的应用. 钛工业进展, 2002, (6): 18.